中等职业教育服装类专业国家规划教材配套教学用书

服装结构制图习题集

Fuzhuang Jiegou Zhitu Xitiji

（第五版）

主　编　王跃进

副主编　王　勤

高等教育出版社·北京

内容简介

本书是中等职业教育服装类专业国家规划教材《服装结构制图》(第五版)的配套教学用书。

本书作为主教材的配套习题集,在编排上以主教材的章节为序,习题类型包括填空、选择、判断、解释术语、填图、简答、问答及绘图等。根据教学内容的需要,把主教材分为三个单元,每一单元为单元测试题,并附有综合测试模拟试题。为便于学习,本书附有参考答案,以及部分省市对口升学模拟试卷,供学生参考练习。

本书内容全面,题型多样,综合应用性强。习题内容的设置突出教学重点、难点,同时注意与国家职业标准服装制作工技术等级考核的相关内容衔接,有助于学生在掌握教学重点、难点的同时,掌握国家职业标准规定的服装制作工相应技术等级考核的基本知识和基本技能。

本书可供中等职业学校服装类专业学生使用,同时可作为国家职业标准规定的服装制作工相应技术等级考核的参考用书。

图书在版编目(CIP)数据

服装结构制图习题集/王跃进主编. ——5版. ——北京:高等教育出版社,2014.3(2025.2重印)
ISBN 978-7-04-039299-9

Ⅰ. ①服… Ⅱ. ①王… Ⅲ. ①服装结构-制图-中等专业学校-习题集 Ⅳ. ①TS941.2-44

中国版本图书馆CIP数据核字(2014)第014977号

策划编辑	王雨平	责任编辑	王雨平	封面设计	张 楠	版式设计	于 婕
责任校对	刘春萍	责任印制	刘思涵				

出版发行	高等教育出版社	网 址	http://www.hep.edu.cn
社 址	北京市西城区德外大街4号		http://www.hep.com.cn
邮政编码	100120	网上订购	http://www.landraco.com
印 刷	三河市骏杰印刷有限公司		http://www.landraco.com.cn
开 本	787 mm×1092 mm 1/16		
印 张	11.75	版 次	2001年7月第1版
字 数	280千字		2014年3月第5版
购书热线	010-58581118	印 次	2025年2月第10次印刷
咨询电话	400-810-0598	定 价	21.50元

本书如有缺页、倒页、脱页等质量问题,请到所购图书销售部门联系调换
版权所有 侵权必究
物 料 号 39299-A0

第五版前言

　　中等职业教育是我国教育事业的重要组成部分,是与经济建设联系最紧密、最直接的教育形式之一,在我国社会主义现代化建设中发挥着巨大的作用。中等职业教育的基本宗旨是为国家经济建设培养数以亿计的高素质劳动者,他们不但应具备一定的科学文化知识,更应具备良好的思想品德和职业道德,以及从事某一职业的专业基础知识和熟练的操作技能。

　　我国是纺织服装加工生产的大国,需要大批生产一线的专业技术人员,这些人员主要通过中等职业学校服装专业的系统学习来培养。服装结构制图是服装专业的主干课程之一,在培养学生的专业基础知识和专业技能方面具有举足轻重的作用。为了配合服装结构制图课程的教学,加强对学生专业技能的训练编写了本书。本次编写是在第四版修订版主教材的基础上进行的修订,在内容和形式上都有一定的变动,修订后的本书可作为教师教学、学生练习用书,也可作为达标训练、技能鉴定等的参考用书。

　　本次修订具有以下特点:

　　1. 延续了原习题集的结构形式,根据教学内容的先后顺序,把教材分为三个单元,使每一单元的学习内容及重难点保持基本均衡,便于学生掌握。其中第一章至第五章为第一单元;第六章至第八章为第二单元;第九章至第十四章为第三单元。每一单元后的单元测试题,可帮助学生掌握本单元的学习和技能训练内容。习题集还附有综合模拟测试题六套,测试时间为90分钟,分值100分,也可根据情况灵活设定,主要用于检测学生对《服装结构制图》教材内容的整体掌握程度。

　　2. 习题集根据《服装结构制图》(第五版)的教学内容,做了相应的修改,增加了部分省市对口升学考试试题及部分模拟试卷,以供师生参考。在编写过程中,我们力求题型多样,在注重理论知识的基础上,根据服装专业操作性强的特点,注意突出操作技能的练习,练习题和测试题中都有相当量的绘图题,以引起师生的重视。

　　3. 习题集在扣紧教材的基础上略有拓展,内容覆盖面大,重难点突出,便于学生对基础知识和基本技能的学习和掌握,对学生的学习能够起到较好的辅助作用。

　　此次习题集的修订,由河南省开封市科技工业学校负责编写,主编王跃进、副主编王勤,其中第一、二、三章由陈素娟编写;第四、五章由王勤编写;第六、七、八章由张英利编写;第九、十、十一章由殷雅娜编写;第十二、十三、十四章由范俊华编写。

　　由于水平所限,不足之处在所难免,敬请提出宝贵意见,以便修订和完善。

编　者

2013 年 10 月

第一版前言

本习题集是为配合国家教委规划教材《服装结构制图》的教学而编写的,供学生平时练习之用,也可作为达标训练、等级考核的参考。

本习题集的主要特点是,类型多,覆盖面大,既突出了教材的重点和难点,又包揽了教材中的基本知识和基本技能,便于学生掌握。

本习题集是由河南省服装中心教研组委托开封市第二职业中等专业学校编写的。喻安如为主编,刘文元、王跃进为副主编。第一章、第二章、第三章、第四章由喻安如、张德良、伊红丽编写;第五章、第六章、第七章由许丽春编写;第八章、第九章、第十章、第十一章由王跃进编写;第十二章、第十三章、第十四章由李静安编写。

本习题集由刘文元统稿,河南省服装中心教研组组长、开封市第二职业中等专业学校校长肖瑞祥和河南省服装中心教研组副组长、开封市第二职业中等专业学校副校长刘运生担任主审。在编写过程中,得到了河南省教委职教处和开封市教委职教科领导的大力支持,得到了河南省及部分省市兄弟职业学校同仁的帮助,在此表示感谢。

本书自1998年出版以来,不断得到广大读者的批评与指正,为进一步提高质量,对发现的错漏之处进行了挖改和重排,敬请读者对书中存在的缺点和不足,继续予以指正。

编 者

2003 年 11 月

目 录

第一章　服装结构制图依据 …………… 1
　第一节　人体体型与人体测量练习题 …… 1
　第二节　服装成品规格与服装号型系列
　　　　　练习题 ……………………………… 2
　第三节　服装款式、材料与缝制工艺练习题 … 4
第二章　服装结构制图基础 ………………… 5
　第一节　服装结构制图工具练习题 ……… 5
　第二节　服装结构制图图线与符号练习题 … 5
　第三节　服装结构制图的一般规定练习题 … 6
　第四节　服装结构制图的方法练习题 …… 7
第三章　服装裁剪 …………………………… 8
　第一节　服装裁剪的基础知识练习题 …… 8
　第二节　单件裁剪练习题 ………………… 9
　第三节　批量裁剪练习题 ………………… 10
第四章　女裙结构制图练习题 ……………… 12
第五章　西裤结构制图练习题 ……………… 16
第一单元测试题 ……………………………… 20
第六章　衬衫结构制图 ……………………… 23
　第一节　女衬衫练习题 …………………… 23
　第二节　连衣裙练习题 …………………… 24
　第三节　男衬衫练习题 …………………… 26
　第四节　衬衫款式变化练习题 …………… 27
第七章　两用衫结构制图 …………………… 29
　第一节　女两用衫练习题 ………………… 29
　第二节　夹克衫练习题 …………………… 30
　第三节　两用衫款式变化练习题 ………… 32
第八章　西服结构制图 ……………………… 34
　第一节　女西服练习题 …………………… 34
　第二节　男西服练习题 …………………… 36
　第三节　西服款式变化练习题 …………… 39
第二单元测试题 ……………………………… 40
第九章　中山服结构制图 …………………… 43
　第一节　中山服（呢）练习题 …………… 43
　第二节　中山服款式变化练习题 ………… 45

第十章　特殊体型结构制图 ………………… 46
　第一节　特殊体型西裤结构制图练习题 … 46
　第二节　特殊体型上衣结构制图练习题 … 47
　第三节　服装弊病分析及处理方法
　　　　　练习题 ……………………………… 48
第十一章　大衣结构制图 …………………… 51
　第一节　女大衣练习题 …………………… 51
　第二节　男大衣练习题 …………………… 52
　第三节　大衣款式变化练习题 …………… 53
第十二章　童装结构制图 …………………… 56
　第一节　男童装练习题 …………………… 56
　第二节　女童装练习题 …………………… 57
　第三节　童装款式变化练习题 …………… 59
第十三章　中式服装结构制图 ……………… 61
　第一节　男式对襟暗门襟罩衫练习题 …… 61
　第二节　女式偏襟罩衫练习题 …………… 62
　第三节　旗袍练习题 ……………………… 64
第十四章　服装样板制作 …………………… 66
　第一节　服装样板制作基础知识练习题 … 66
　第二节　服装样板推档练习题 …………… 67
　第三节　服装样板的检查与复核练习题 … 69
第三单元测试题 ……………………………… 70
综合模拟试题（一） ………………………… 73
综合模拟试题（二） ………………………… 76
综合模拟试题（三） ………………………… 79
综合模拟试题（四） ………………………… 83
综合模拟试题（五） ………………………… 86
综合模拟试题（六） ………………………… 89
参考答案 ……………………………………… 92
附录　部分省市对口升学考试及对口
　　　升学模拟考试试卷 ………………… 136
　2008年河南省对口升学考试服装类专业课
　试卷 ………………………………………… 136

河南省2010年普通高等学校对口招收
　　中等职业学校毕业生考试 …………… 141
河南省2011年普通高等学校对口招收
　　中等职业学校毕业生考试 …………… 148
河南省2012年普通高等学校对口招收
　　中等职业学校毕业生考试 …………… 153
2013年河南省对口升学服装类专业课
　　模拟试卷 …………………………… 158
2011年杭州市高职模拟考试服装类
　　试卷 ………………………………… 163
2012年浙江省高等职业技术教育招生
　　模拟考试 …………………………… 171

第一章　服装结构制图依据

第一节　人体体型与人体测量练习题

一、填空题

1. 服装结构制图的主要依据是_____，制定服装放松量的主要依据之一是_____。
2. 人体比例最简单的测量单位是头，正常的成年男性约_____头高，成年女性约为_____头高。
3. _____决定了衣领的基本结构。
4. 由于颈部呈不规则的圆台状及向前倾斜的特点，所以领的造型基本上是_____、_____。上衣前后领的弧线弯曲度一般是_____。
5. _____是前后衣片的分界线。
6. 肩部前倾使服装的_____大于_____，肩的弓形形状，使服装_____略长于_____。
7. 胸与背的特征，决定了男性_____大于_____。
8. 女性乳胸隆起，使女装通过_____、_____及_____达到合体的目的。
9. 由于腰部的凹陷状，在服装结构上表现为上装的_____造型。
10. 背部肩胛骨凸起形成_____与_____的不对称。
11. 臀部的外凸，决定了西裤的_____大于_____。
12. 西裤腰口收前裥和后省的原因是_____、_____和_____。
13. _____是测量长裤中裆和裙长等下装长度的重要依据。
14. 服装结构制图的直接依据是人体有关部位的_____、_____和_____等。
15. 服装人体测量可分为_____、_____、_____三种。

二、解释术语

1. 人体测量
2. 服装放松量

三、判断题（在下列叙述中，你认为正确的在括号内画"√"，错误的画"×"）

1. 同一个人穿着西服和中山服其袖长应该相等。　　　　　　　　　　　　（　　）
2. 量体时一般不考虑被测量者所穿衣服的厚薄因素。　　　　　　　　　　（　　）
3. 人体手臂弯曲时，上臂与下臂呈一定角度，反映在衣袖上为后袖弯线外凸，前袖弯线内凹。　　　　　　　　　　　　　　　　　　　　　　　　　　　　　（　　）
4. 在测量人体尺寸时所使用的工具有软尺和腰节带。　　　　　　　　　　（　　）

5. 服装的放松量主要取决于人体的运动,同时也要考虑季节和款式。（ ）
6. 女装吸腰量大于男装吸腰量。（ ）
7. 幼儿与老人的服装一般以曲腰身为好。（ ）
8. 袖口收细裥要比不收细裥的袖长要长。（ ）
9. 胸、腰、臀围的放松量会影响到服装穿着的合体性和外形的美观性。（ ）
10. 女装肩斜和前后肩斜度与男装是一致的。（ ）

四、选择题（把你认为正确的答案填写在括号内）
1. 臀部的球面状使西裤的后裆缝（　　）前裆缝。
   A. 短于　　　　　　B. 长于　　　　　　C. 等于
2. 幼儿与老人的服装一般以直腰身为主,这是由于其（　　）差小的缘故。
   A. 胸臀围　　　　　B. 腰臀围　　　　　C. 胸腰围
3. 后袖山弧线与前袖山弧线的不对称,其重要原因是由于（　　）凸起形成的。
   A. 胸部　　　　B. 肩端部　　　　C. 臂根底部　　　　D. 肩胛骨
4. 上裆长是由侧腰部髋骨向上（　　）量至凳面的距离。
   A. 3.5 cm　　　B. 4 cm　　　　C. 3 cm　　　　D. 4.5 cm
5. 由于颈部呈不规则圆台状并向前倾斜的特点,因而形成（　　）的基本造型。
   A. 后领脚宽、前领脚窄　　B. 前领脚宽、后领脚窄　　C. 前领脚宽等于后领脚宽
6. 幼儿的背部特征使童装的后腰节长（　　）前腰节长。
   A. 小于　　　　　　B. 长于　　　　　　C. 等于或小于

五、简答题
1. 简要回答人体颈部与衣领的关系。
2. 什么是服装放松量？影响服装放松量的因素有哪些？

第二节　服装成品规格与服装号型系列练习题

一、填空题
1. 成批生产的产品通常由_____提供数据编制_____。
2. 服装成品的构成包括_____、_____、_____三要素。
3. 上装类的_____和下装类的_____是服装长度的主要规格。上装类的_____和下装类的_____是服装围度规格的主要部位。
4. _____是设计服装成品规格的来源和依据。
5. "号"指_____,以厘米表示_____,是设计_____的依据。
6. "型"指_____,以厘米表示_____,是设计_____的依据。
7. A 体型男子的胸腰落差是_____,B 体型女子的胸腰落差是_____。
8. 服装工业企业在扩大号型范围时,应按各系列所规定的_____和_____进行。
9. 号型系列设置以_____为中心,向两边依次_____或_____。

10. 一个购衣者其身高为 167 cm,体型属于 B 型,其服装号型标志为_____。

11. 服装成品规格是以_____数值加放不同的_____来设计的。

12. 一般服装成品规格测量指_____规格测量,_____一般不测量。测量方法及要求也可根据_____而定。

二、解释术语

1. 号

2. 型

三、判断题(在下列叙述中,你认为正确的在括号内画"√",错误的画"×")

1. 服装号型系列中规定的号型不够用时,可扩大号型设置范围。　　　　　(　　)

2. 在服装剪裁中,有必不可少的几个部位尺寸,其部位称之为控制部位。　(　　)

3. 某儿童身高 120 cm,胸围 52 cm,由于体型较胖故选购号型为 120/52 的衣服为宜。(　　)

4. 非控制部位是指服装剪裁中较次要的部位,如上裆长、脚口等。　　　　(　　)

5. 服装工业企业在选用号型系列时,必须考虑每一个号型应适应本地区的人口比例和市场需求情况。　　　　　　　　　　　　　　　　　　　　　　　　　　　(　　)

6. 服装工业企业在扩大号型范围时,可以按照需要随意调整。　　　　　　(　　)

7. 服装成品规格是指服装成品各相关部位的实际尺寸。　　　　　　　　　(　　)

四、选择题(把你认为正确的答案填写在括号内)

1. 某女生身高 162 cm、胸围 79 cm、腰围 64 cm,应选购(　　)号型的上衣和裤子。

　A. 162/79A　162/64A　　　　　　　B. 160/80A　160/64A

　C. 160/80A　160/66A　　　　　　　D. 160/80B　160/64B

2. 某男生身高 167 cm、胸围 80 cm、腰围 62 cm,应选购(　　)号型的上衣和裤子。

　A. 165/80A　165/62A　　　　　　　B. 165/84A　165/60A

　C. 167/80B　167/62B　　　　　　　D. 165/80Y　165/62Y

3. 上装的衣长与(　　)的控制部位无关。

　A. 身高　　　　　　　　　　　　　B. 胸围

　C. 颈椎点高　　　　　　　　　　　D. 坐姿颈椎点高

4. 下装的裤长与(　　)的控制部位有关。

　A. 腰围高　　　　B. 胸围　　　　C. 腰围　　　　D. 臀围

5. 某女生长得较胖,胸围是 90 cm、腰围是 76 cm,她的体型属于(　　)类型。

　A. Y 体　　　　　B. A 体　　　　C. B 体　　　　D. C 体

6. 下列上装号型中(　　)的号型服装厂一般不生产。

　A. 170/80A　　　　　　　　　　　B. 165/84A

　C. 160/84A　　　　　　　　　　　D. 155/104A

五、简答题

1. 服装成品规格的来源有哪些?

2. 为什么要有控制部位数值?

第三节　服装款式、材料与缝制工艺练习题

一、填空题

1. 决定衣片及其附件结构制图的因素有_____、_____、_____三个方面。
2. 在结构制图时,应重视_____、_____和_____三个因素。
3. 服装款式的来源一般是_____、_____、_____、_____四个方面。
4. 前片衣缝分割的进出以_____为基准。
5. 构成服装的物质基础是_____。
6. 袖山吃势多少在一定程度上取决于面料的_____。遵循_____则吃势多,_____则吃势少的原则。
7. 梭织物的长度方向与布边平行的经纱称为_____,纬度方向与布边垂直的纬纱称为_____。
8. 直、横、斜丝缕在服装上的应用各不相同,一般滚条、压条都用_____。
9. 对于有倒顺毛、倒顺花的面料,应_____。
10. 西裤的后缝腰口处放缝_____左右,在臀围处放_____左右。
11. 劈门量大的服装,推门时前衣片的门襟_____大。

二、解释术语

1. 组合关系
2. 组合形态

三、判断题（在下列叙述中,你认为正确的在括号内画"√",错误的画"×"）

1. 对有倒顺毛、倒顺花及倒顺格的衣料,在服装结构制图上应标明方向,以免裁错。（　　）
2. 了解服装材料的缩水率,只是做到心中有数,在服装制图时仍应按原来规格绘图,不能调节。（　　）
3. 在服装裁剪中,特别是批量生产中一般不考虑面料的丝缕,以排料紧凑、省料为原则。（　　）
4. 凡是弯弧部位都应缩小放份。（　　）
5. 采用全棉面料制作服装时,服装制图时长度、宽度应适当放长、放宽。（　　）
6. 凡是弯弧部位都应缩小缝份,避免分缝时发生困难。（　　）
7. 斜丝缕在服装制图中应适量放宽规格,而在长度方向则宜稍短。（　　）

四、简答题

简要回答如何正确领会服装设计的意图。

第二章　服装结构制图基础

第一节　服装结构制图工具练习题

一、填空题

1. 服装制图工具主要有直尺、_____、_____、铅笔与橡皮等。
2. 服装制图的基本工具是_____。
3. 比例尺尺形为_____,有_____个尺面,_____个尺边。
4. 曲线板分为_____和_____两种。
5. 一般缩小图宜用稍硬些的铅笔,如_____,大图宜用较软些的铅笔,如_____、_____。
6. 服装制图所用的尺有_____、_____、_____、_____四种。

二、判断题(在下列叙述中,你认为正确的在括号内画"√",错误的画"×")

1. 直尺是服装制图的常用工具,它包括三角尺和角尺。　　　　　　　　　(　　)
2. 常用曲线板主要用于服装制图中的弧线、弧形部位的绘制。　　　　　(　　)
3. 常用曲线板上标有服装各部位的名称。　　　　　　　　　　　　　　　(　　)

三、解释术语

服装专用曲线板

四、简答题

简要回答直尺、角尺、软尺的主要用途。

第二节　服装结构制图图线与符号练习题

一、填空题

1. 服装制图中的线条有不同的表现形式,其表现形式称之为_____。
2. 服装结构制图的_____与_____在制图中起规范图纸的作用。
3. 用于服装和零部件轮廓线、部位轮廓线的图线的线形为_____,图线宽度为_____。
4. 用于图样结构的基本线、尺寸线和尺寸界线、引出线的图线的线形为_____,图线宽度为_____ cm。
5. 表示两线段长度相等的符号图形是_____或_____。
6. 表示两个以上部位等量的符号图形是_____、_____。
7. 表示该部位经熨烫后收缩的符号图形是_____。

8. 光滑圆顺地连接直线和弧线、弧线与弧线称为_____。

9. 叠门是指_____和_____相叠合部位。上衣门里襟反面的贴边称为_____。

10. 表示该部位经熨烫后伸展、拔长的符号图形是_____。

11. 填写下列服装代号：胸围_____、腰围_____、臀围_____、领围_____、胸高点_____、领肩点_____、袖隆_____、胸围线_____、肘围线_____。

12. 根据人体曲线，有规则地折叠或收拢的部分称为_____。

二、解释术语

1. 翘势

2. 过肩

3. 分割

三、判断题（在下列叙述中，你认为正确的在括号内画"√"，错误的画"×"）

1. 毛样是服装的实际尺寸，不包括缝份、贴边等。 （ ）

2. 衣片的锁眼边叫里襟，衣片的钉纽边叫门襟。 （ ）

3. 裥是根据人体曲线形态所需要缝合的部位。 （ ）

四、简答题

1. 西裤前裤片横线条有哪些？竖线条有哪些？

2. 女衬衫前衣片主要横、竖线条各有哪些？

第三节　服装结构制图的一般规定练习题

一、填空题

1. 服装制图的一般规定是：服装制图中的_____，字体大小，_____，图纸布局，_____等必须符合标准，使制图规范化。

2. 服装制图比例是指制图时_____与_____的实际尺寸之比。

3. 服装制图中，图纸中的汉字、数字、字母都必须做到：字体端正、_____、排列整齐、_____。

4. 服装制图的尺寸标注应按_____所规定的要求进行，在标注尺寸时要做到_____、规范、_____、清晰。

5. 服装各部位和零部件的实际大小以图上所_____数值为准。图纸中的尺寸一律以_____为单位。

6. _____的位置应在图纸的右下角；_____的位置应在标题栏的上面；服装部件和零部件的位置应在_____的左边。

7. 服装制图的长度计量单位的种类分为_____、_____、_____，我国法定计量单位是_____。

8. 38 cm 等于_____寸；2 尺 7 寸等于_____ cm；1 码等于_____英尺；35 英寸等于_____ cm。

二、判断题（在下列叙述中,你认为正确的在括号内画"√",错误的画"×"）

1. 服装衣片的实际大小是根据服装制图的图样确定的。（　　）
2. 服装各部位和零部件的实际大小以图上所注的尺寸数值为准,图纸中的尺寸,一律以市寸为单位。（　　）
3. 需要标明竖距离尺寸时,尺寸数字一般应标在尺寸线的上方中间;标明横距离尺寸时,尺寸数字一般应标在尺寸线的左面中间。（　　）
4. 公制是国际通用的计量单位。我国对外生产的服装规格常使用英制。（　　）
5. 服装款式图的比例,不受服装制图比例规定限制。（　　）
6. 尺寸线用细实线绘制,其两端箭头应指到尺寸界线处。（　　）

三、解释术语

服装制图比例

四、简答题

简要回答尺寸标注的基本规则。

第四节　服装结构制图的方法练习题

一、填空题

1. 服装结构制图是服装裁剪的＿＿＿＿。服装裁剪概括起来可分为＿＿＿＿和＿＿＿＿。
2. 平面制图包括＿＿＿＿和＿＿＿＿等,＿＿＿＿又称为"短寸法"。
3. 比例分配制图法包括＿＿＿＿、＿＿＿＿。
4. 我们所采用的教材中比例分配以＿＿＿＿为主要基数,而肩宽则采用＿＿＿＿的分配法,胸围采用＿＿＿＿胸围分配法等。
5. 几何制图法是较为科学的作图法,具有一定的＿＿＿＿。
6. 制图过程中运用的三种具体方法是＿＿＿＿法、＿＿＿＿法、＿＿＿＿法。
7. 几何作图法包括＿＿＿＿、＿＿＿＿等。

二、解释术语

1. 六分法
2. 比值

三、判断题（在下列叙述中,你认为正确的在括号内画"√",错误的画"×"）

1. 在一件服装的制图中,只能采用一种基数的分配法。（　　）
2. 原型制图法和基型制图法的围度均要加放松量。（　　）

四、简答题

1. 简述原型制图法和基型制图法的相同点和不同点。
2. 如何理解"先横后竖、定点画弧、定位"的含义?

第三章 服装裁剪

第一节 服装裁剪的基础知识练习题

一、填空题

1. 服装缝纫的上道工序是_____。
2. 服装裁剪可分为_____和_____两种。
3. 识别织物正反面的方法可以根据织物的_____识别、_____识别、_____识别、_____识别、_____识别。
4. 常见的织纹有_____、_____、_____三种。
5. 常用的缩水率试验方法有_____试验、_____试验、_____试验、_____试验。
6. 服装面料大都由经纬纱线交织而成,在整匹面料中长度方向称为_____,宽度方向称为_____。
7. 配零料是指除衣、裤、裙等_____以外的零星配料。
8. 缩水率的大小主要取决于纺织生产过程中_____大小,同时与_____的大小有关。

二、解释术语

1. 开剪
2. 钻眼
3. 丝绺
4. 对刀
5. 失出

三、判断题(在下列叙述中,你认为正确的在括号内画"√",错误的画"×")

1. 平纹织物的正反面在外观上无多大差异,因此没有正反之分。（　　）
2. 织物缩水的原因是因为织物本身没有吸湿性,是在织造过程中受到牵伸和弯曲造成的。（　　）
3. 在整匹原料中没有直料、横料、斜料之分。（　　）
4. 喷水缩率是指将原料浸在水里,使之受潮产生回缩。（　　）
5. 单件画样指按款式根据规格直接在原料上画出裁剪线条。（　　）
6. 横斜是指某一块原料经纱长于纬纱。（　　）
7. 服装零部件的挂面、腰面、袋嵌线一般选择横丝绺。（　　）

8. 在配制各种不同原料的裁片和零部件时,不同丝缕的裁片和零部件可做上下层组合。
(   )
9. 换片是指调换衣服不同部位的裁片。(   )
10. 纱织物斜纹的正反面纹路明显清晰,织物的表面纹向为一捺的是反面。(   )
11. 斜向以60°角的正斜性能最适合。(   )
12. 横丝缕织物不易伸长变形,围成圆势时窝服自然、丰满。(   )

四、简答题

1. 织物缩水的原因是什么?
2. 斜纹织物和缎纹织物有哪些特点?
3. 织物经纬斜向与服装裁剪有什么关系?

第二节　单件裁剪练习题

一、填空题

1. 单件裁剪包括画样前的_____、_____、_____、_____、_____等。
2. 画样前的准备工作主要包括确认_____的内容和要求,_____及_____等。
3. 画样前要确认基本款式的_____、_____各部位之间的_____及_____表示的意图。
4. 检查面料包括检查面料的_____、_____、_____、_____等。
5. 各种不同的织物由于它们的_____、_____、_____和_____等因素的差异,都有不同程度的缩水率。
6. 矫正纬斜的方法是将面料_____后,采取_____结合_____的方法,按纬斜部位对拉矫正。
7. 合理排料应做到_____、_____。
8. 套排就是充分利用_____和_____的不同形状合理布局。
9. 排料一般要求掌握一套_____,两对_____,_____的基本要求。
10. 画线顺序原则上是_____、_____。
11. 按服装用料的区别,画线顺序一般单衣应先_____后_____。
12. 开剪线路是指开剪时_____和_____的程序。
13. 开剪线路以_____、_____为基本原则。
14. 开剪操作应_____、_____,以操作方便减少_____为原则。
15. 眼刀一般在缝份处,眼刀深浅以_____为宜。
16. 不同门幅面料换算公式为_____。

二、解释术语

开剪线路

三、选择题(把你认为正确的答案填写在括号内)

1. 开剪操作应(   )。

A. 从外到里　　　　　B. 从上到下　　　　　C. 从左到右　　　　　D. 从右到左

2. 排料一般要求掌握的两对之一是(　　)。

A. 直对横　　　　　　B. 直对直　　　　　　C. 斜对直　　　　　　D. 斜对横

3. 普通西裤改变为低腰裤,则应(　　)。

A. 上裆减短,腰围加大　　　　　　　　　　B. 上裆减短,腰围不变

C. 上裆不变,裤长减短　　　　　　　　　　D. 上裆不变,腰围不变

4. 裁剪一条普通西裤,使用的面料门幅为 144 cm,需要用料 110 cm。如果这条西裤做成连腰裤,需用的门幅面料是(　　)。

A. 110 cm　　　　　B. 106 cm　　　　　C. 114 cm　　　　　D. 120 cm

5. 用 114 cm 门幅面料裁剪一件男长袖衬衫,需用料(　　)。

A. 衣长+袖长×2+15 cm　　　　　　　　　B. 衣长×2+20 cm

C. 衣长×2　　　　　　　　　　　　　　　D. 衣长×2+10 cm

四、判断题(在下列叙述中,你认为正确的在括号内画"√",错误的画"×")

1. 合理拼接是指可以任意增加拼接缝和改变拼接丝绺。　　　　　　　　　　(　　)
2. 画线顺序原则上是先横后竖,定点画弧定位。　　　　　　　　　　　　　(　　)
3. 开剪操作应从下到上,从外到里,以操作方便,减少转手为基本原则。　　　(　　)
4. 拼接一般需要做到直丝绺对直丝绺,横丝绺对横丝绺。　　　　　　　　　(　　)
5. 裁剪前要对不同面料的缩水率采用合适的预缩措施。　　　　　　　　　　(　　)
6. 排料要求合理套排,排列紧凑。　　　　　　　　　　　　　　　　　　　(　　)
7. 合理套排是指在保证衣片数量的前提下,节约用料的套排画样。　　　　　(　　)
8. 套排就是充分利用部件和零部件的不同形状合理布局。　　　　　　　　　(　　)
9. 单件排料是批量排料的基础,所以在实际裁剪中只要注意合理布局,两者的耗用量是一致的。　　　　　　　　　　　　　　　　　　　　　　　　　　　　　　(　　)

五、简答题

1. 合理拼接的具体要求是什么?
2. 画样要准和全指的是什么?

第三节　批量裁剪练习题

一、填空题

1. 批量裁剪是将整个的裁剪过程分为若干个_____,有若干个裁剪技术工人配合,共同完成裁剪的_____过程。
2. 复核的内容是对面料_____和_____的复核,门幅宽度差距 0.5 cm 以上的应_____堆放。
3. 验料的主要任务是检查面料中的_____、_____和_____等质量问题。
4. 整理是指经过验料后对做好标记的疵点进行_____;对有_____的面料进行矫正纬

斜的工作。

5. 铺料时根据规格、面料、质地、裁剪工具等因素选用不同的层数，一般有＿＿＿＿至＿＿＿＿不等。

6. 开剪的线路按照＿＿＿＿、＿＿＿＿，先开裁＿＿＿＿、后开裁＿＿＿＿的顺序进行。

7. 服装裁片编号分为＿＿＿＿和＿＿＿＿两种，编号部位一般在裁片的＿＿＿＿处。

二、判断题（在下列叙述中，你认为正确的在括号内画"√"，错误的画"×"）

1. 铺料的品种、式样和面料不同，方式却相同。（　　）
2. 验片是对裁片的数量进行检验，目的是为了及时发现数量问题。（　　）
3. 铺料是按画样图的长度和依据，以及每一批裁剪的数量，将面料一层层地铺在裁剪工作台上。（　　）

三、简答题

1. 批量裁剪主要有哪几道工序？
2. 铺料方式可归纳为几种？
3. 验片的方法有几种？

第四章 女裙结构制图练习题

一、填空题

1. 裙子从外形结构看,大致可分为_____、_____、_____和_____等。
2. 直身裙包括_____、_____、_____等。
3. 直裙的裙身_____,裙上部是符合人体_____的曲线形状,它的外形是腰部_____,臀部_____,外形曲线流畅优美。
4. 直裙的腰围放松量不宜过大,一般在_____ cm 为宜。
5. 直裙不宜使用太薄的面料,主要适用的面料有_____、_____等。
6. 裥裙有_____、_____、_____、_____等。
7. 斜裙的腰口小,裙子摆_____,呈_____形状,故又称_____。
8. 斜裙从外观上看有_____、_____等款式。
9. 斜裙的腰口既不_____,也不_____,是利用面料的_____裁制而成的带有_____和_____的喇叭裙。
10. 两节裙的上段类似_____裙,但腰口_____,下段抽_____,在侧缝上端装拉链。
11. 节裙适用面料一般为_____,如_____、_____等。
12. 节裙的抽褶量应按面料_____和_____来考虑抽褶量。
13. 节裙裙腰上口省的转移方法可采用_____,即将上段裙片图_____,形成的图形即为符合款式要求的结构图,还可采用_____法,两种方法的结果是完全一致的。
14. 鱼尾裙因其下摆像_____而得名。鱼尾裙一般为_____或_____,有_____、_____等。
15. 高腰裙可分为_____与_____两种类型。
16. A 字裙是指侧缝线有一定_____的裙型。
17. 鱼尾裙的造型在纵向分割的前提下,可分为_____和_____两种类型。

二、选择题(把正确的答案填写在括号内)

1. 直裙的前臀围大公式为( )。
   A. H/4−1 cm B. H/4 cm C. H/4+1 cm D. H/4+2 cm
2. 因直裙的裙身偏于合体,故臀围的放松量应在( )。
   A. 4~5 cm B. 2~3 cm C. 2.5~3.5 cm D. 3.5~4 cm
3. 直裙臀围线的高度是( )。
   A. 0.6 号+1 B. 0.8 号+1 C. 0.1 号+1 D. 0.1 号−1
4. 斜裙的裙长线是( )。
   A. 裙长−腰宽 B. 裙长+腰宽 C. 裙长规格 D. 不确定
5. 节裙的前腰围大公式为( )。

A. W/4-1　　　　　　B. W/4+1　　　　　　C. W/4　　　　　　D. W/4-0.5

6. 裙的前片省长一般为（　　）。

A. 6 cm　　　　　　B. 8 cm　　　　　　C. 10 cm　　　　　　D. 11 cm

7. 直裙开衩的高度一般在臀高线下_____左右。

A. 15 cm　　　　　　B. 20 cm　　　　　　C. 23 cm　　　　　　D. 25 cm

三、判断题（在下列叙述中，你认为正确的在括号内画"√"，错误的画"×"）

1. 直裙的裙长，一般青年人长些，中老年人短些。（　　）
2. 一般直裙的长度应在膝盖以上。（　　）
3. 直裙的腰口劈势一般应等于腰臀差。（　　）
4. 直裙的后裙摆，应和前裙摆等量（不包括阴裥量）。（　　）
5. 直裙的侧缝不应靠前而应靠后，因此在制图当中采用1/4分配法或前加后减的方法。（　　）
6. 斜裙像直裙一样，需要量取臀围大。（　　）
7. 为了使裙子美观，裙子的每条边都需要裁等长。（　　）
8. 斜裙的腰围计算公式为：$r=w/\pi$。（　　）
9. 在裁制斜裙时，不论是两片裙、四片裙、六片裙、八片裙，它们的腰口大的计算公式都是一样。（　　）
10. 在裁制斜裙腰口时，必须按成品的腰口大规格计算。（　　）
11. 斜裙的各条边的垂度相等。（　　）
12. 在缝制斜裙时，腰口处要稍微放些吃势。（　　）
13. 节裙的抽褶量应按面料的质地性能和所要表现的款式效果来考虑抽褶量。（　　）

四、解释术语

1. 劈势
2. 捆势
3. 阴裥
4. 号型

五、改错题（把下列叙述中不正确的地方改正确）

1. 因直裙在下摆处起翘，所以，中腰口处就不需要再起翘了。
2. 直裙前裙片的腰口省长是13.5 cm，后裙片的腰口省长是10 cm。
3. 直裙的后开衩位置是在臀围线下20 cm。
4. 因一步裙后片开一后开衩，所以为了使裙子造型更美观，裙下摆不需要向内收进（侧缝线处）。
5. 省的长度与省量有关，省量大则短，省量小则长。
6. 直裙的摆围大，一般按侧缝直线放出2 cm。

六、填图题

1. 写出下图中直裙后片标注处的数据。

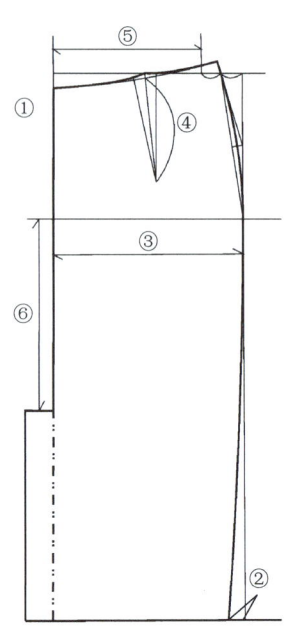

① _____

② _____

③ _____

④ _____

⑤ _____

⑥ _____

2. 在下图的标注处填上斜裙的公式和数据。

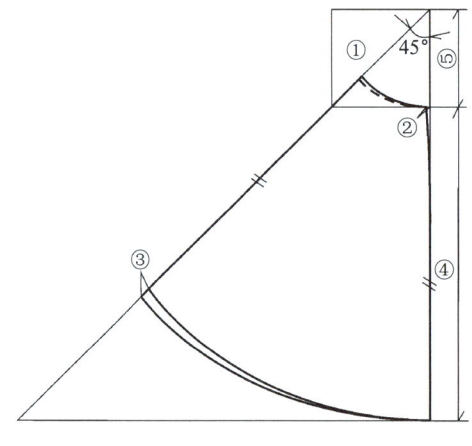

① _____

② _____

③ _____

④ _____

⑤ _____

七、问答题

1. 简述直裙后中腰低落的原因。
2. 直裙侧缝的裙腰缝为何要起翘？
3. 直裙包括哪几种类型？
4. 直裙的外形特点是什么？
5. 试述斜裙裙摆的处理方法。

6. 在裁制斜裙时,腰口处的两侧为何要劈去 0.7 cm？还可以用什么方法达到此目的？
7. 斜裙的特点是什么？它与直裙有什么不同？
8. 简述鱼尾裙裙摆展宽高度与裙造型变化的关系。
9. 试述直裙开衩高度的定位方法。
10. 试述裙腰造型变化的相关因素及造型变化规律。
11. 简述 A 字裙侧缝偏斜度控制范围。

八、绘图题

制图规格： 单位:cm

裙长	腰围	臀围
70	73	96

要求：

1. 按 1∶5 的比例绘制直裙缩比图。
2. 图面整洁,图线清晰、流畅,标注完整。

第五章 西裤结构制图练习题

一、填空题

1. 裤长的测量一般自_____处向上_____cm左右为始点,顺直向下量至所需长度。
2. 女西裤裤腰的放松量一般在_____cm之间,适身型裤臀围放松量为_____cm之间。
3. 女西裤制图中,横线的基本线条有_____、_____、_____、_____、_____,上述基本线条均与布边_____。
4. 女西裤制图中,中档线是_____至_____的1/2向上抬高_____cm,平行于下平线。
5. 女西裤后片制图时,在后裆直线上,以_____为起点,取比值为_____作后裆缝斜线。
6. 女西裤结构制图时,前腰围大计算公式为_____,前臀大计算公式为_____;小裆宽计算公式为_____;前脚口大按_____确定。
7. 西裤后裆缝斜度大小与_____的大小、_____的多少、_____大小、_____等诸多因素有关。
8. 女西裤前横裆大应在横裆线与侧缝直线相交处偏进_____cm。
9. 女西裤结构制图中,后窿门大计算公式为_____;后腰围大计算公式为_____。
10. 女西裤的零部件主要有_____、_____、_____、_____。
11. 女西裤侧缝直袋的袋位,上平线下_____为上袋口,袋口大为_____。
12. 男西裤前后臀围大计算公式分别为_____和_____。
13. 男西裤腰围的放松量略大于女西裤,一般在_____cm之间。
14. 男西裤制图中,横线的基本线条有_____、_____、_____、_____、_____,上述基本线条均与布边_____。
15. 男西裤前横裆大在横裆线与侧缝直线相交处偏进_____cm。
16. 男西裤结构制图中后窿门大计算公式为_____,后腰围大计算公式为_____。
17. 后裆缝斜度大小主要与_____的大小有关。
18. 在西裤制图中,一般应掌握五个控制部位的数据,它们是_____、_____、_____、_____、_____。
19. 男西裤适身型臀围的放松量一般在_____cm之间。
20. 男西裤的零部件主要有_____、_____、_____、_____等。
21. 男西裤上裆的测定应_____女裤,因为男性_____高度低于女性。
22. 男西裤后裤片制图时,在后裆直线上,以_____为起点,取比值为_____作为后裆缝斜线。

23. 牛仔裤裤长的测定是从腰侧部髋骨以上_____cm 垂直量至外髋骨下_____cm 左右,离开地面_____cm 左右。

24. 牛仔裤结构制图中,前腰围大计算公式为_____,后腰围大计算公式为_____,小裆宽计算公式为_____,大裆宽计算公式为_____。

25. 牛仔裤的款式特征主要有_____,装腰前片无裥,_____袋,门里襟装拉链,使用原料主要有_____等。

26. 牛仔裤在量体时,臀围放松量一般在_____cm 左右,宽松裤臀围放松量应在_____cm 以上。

27. 西短裤结构制图中,前腰围大计算公式为_____,后腰围大计算公式为_____,前脚口大计算公式为_____。

二、判断题(在下列叙述中,你认为正确的在括号内画"√",错误的画"×")

1. 紧身型女西裤臀围的放松量应根据面料的不同而变化。　　　　　　　　(　　)
2. 起翘是使后裆缝拼接后腰口顺直的先决条件,后裆缝斜度越大,起翘越高。(　　)
3. 西裤上裆的长度不随样式的变化而变化。　　　　　　　　　　　　　　(　　)
4. 裤子的基本结构是前裆宽小于后裆宽,这是由人体的结构和人体的运动规律所决定的。
 (　　)
5. 女西裤近侧缝边的省稍小,省长 10~12 cm,近后缝边的省稍大,省长 11~13 cm。(　　)
6. 前裆缝在腰口处劈势量与前裤片腰口折裥量多少有关。　　　　　　　　(　　)
7. 偏开门女西裤里襟位于左侧开口处。　　　　　　　　　　　　　　　　(　　)
8. 男女西裤前后片的裥和省的大小是一样的。　　　　　　　　　　　　　(　　)
9. 不论什么体型,男女西裤前片的前横裆大都是在横裆线与侧缝直线相交处偏进 1 cm。
 (　　)
10. 西短裤的后裆缝低落数值与西长裤是一样的。　　　　　　　　　　　　(　　)
11. 裤子的基本结构是前裆宽小于后裆宽,这是由人体的结构和人体的运动规律决定的。
 (　　)
12. 西裤前片在横裆线上,从小裆宽点到侧缝线是以烫迹线两边平分的,而后裤片在横裆线上从大裆宽点到侧缝线,则不是以烫迹线两边平分的。(　　)
13. 西裤前片在横裆线以下部分,是以烫迹线为对称轴,两边完全对称的;西裤后片在横裆线下也是以烫迹线为对称轴的。(　　)
14. 西裤后片裆缝低落数值,主要以与前片下裆缝等长为准。　　　　　　　(　　)
15. 西短裤和牛仔裤的前臀围大都是 H/4。　　　　　　　　　　　　　　　(　　)
16. 男、女西裤和西短裤的后裆缝斜度都是一样的。　　　　　　　　　　　(　　)
17. 臀腰差越大后裆缝的斜度越大,反之越小。　　　　　　　　　　　　　(　　)

三、选择题(把正确答案填写在题后括号内)

1. 女西裤小裆宽的计算公式为(　　)。
 A. 0.8/10 H　　　　B. H/10　　　　C. 0.4/10 H　　　　D. 0.3/10 H
2. 女西裤前腰围大的计算公式为(　　)。
 A. W/4-0.5+裥　　　　　　　　　　B. W/4-1+裥

C. W/4+1+裥   D. W+1+裥

3. 女西裤在后裆直线上,以臀围线为起点,取比值为(　　)作后裆缝斜线。
A. 15∶3.5   B. 10∶2   C. 15∶4.3   D. 15∶5.3

4. 对女西裤臀腰差偏小的体型,一般臀腰差在(　　)以下。
A. 25 cm   B. 15 cm   C. 20 cm   D. 10 cm

5. 女西裤前裤片的折裥均为反裥,前折裥大 3 cm 制图时以前烫迹线为界,向门襟方向偏(　　)为准。
A. 1 cm   B. 0.5 cm   C. 0.7 cm   D. 0.3 cm

6. 男西裤大裆宽的计算公式为(　　)。
A. 0.8/10H   B. H/10   C. 0.9/10H   D. 0.5/10H

7. 男西裤前臀围大的计算公式为(　　)。
A. H/4-0.5   B. H/4-1   C. H/4+1   D. H/4+1

8. 西裤后片的后裆斜线是在后裆直线上,以臀围线为起点,取比值为(　　)。
A. 15∶5.3   B. 10∶2   C. 15∶4.3   D. 15∶3.5

9. 男西裤裤腰里长与腰面相同,宽为腰面宽加(　　)。
A. 1 cm   B. 1.5 cm   C. 2 cm   D. 2.5 cm

10. 男西裤后裤片袋口大的计算公式是(　　)。
A. H/10+4   B. H/10+3.5   C. H/10+3   D. H/10+3.3

11. 男西裤表袋口大一般为(　　)。
A. 6.5 cm   B. 7 cm   C. 7.5 cm   D. 8 cm

12. 牛仔裤的前臀围大计算公式是(　　)。
A. H/4-1   B. H/4   C. H/4+0.5   D. H/4-0.5

13. 西短裤的后脚口的计算公式是(　　)。
A. 脚口大+2   B. 脚口大+3
C. 脚口大+3.5   D. 脚口大+2.5

14. 牛仔裤后裤片的后裆斜线是在后裆直线上,以臀围线为起点,取比值为(　　)。
A. 15∶3.5   B. 15∶3   C. 15∶4   D. 15∶2.5

15. 西短裤的脚口内凹为(　　)。
A. 0.3   B. 0.5   C. 0.8   D. 1

16. 宽松裤的前脚口大公式为(　　)。
A. 脚口大-2   B. 脚口大+2
C. 脚口大-1.5   D. 脚口大+1.5

四、解释术语

1. 捆势
2. 折裥与省
3. 门襟与里襟
4. 画顺
5. 劈势

6. 翘势

五、问答题

1. 试述女西裤后裆缝斜度与后翘的关系。
2. 试述女西裤后片横裆线低落数值的确定。
3. 简述男女西裤在制图上的区别。
4. 如何控制前裆缝在腰口处的劈势量？
5. 为什么说袋型是决定前折裥数量的不可忽视的因素？
6. 试述适身型西裤与紧身型西裤在腰围分配上有何不同。
7. 西短裤的后裆缝低落数值大于西长裤的原因是什么？
8. 宽松型西裤的后裆缝大于适身型西裤的原因是什么？
9. 试述裤子中裆线定位与裤子款式的关系。

六、绘图题

1. 绘制女西裤前后裤片缩比图。

制图规格： 单位：cm

裤长	腰围	臀围	上裆长	脚口	腰宽
100	68	96	29	20	3

要求：

（1）按 1∶5 的比例绘制女西裤前后裤片缩比图。

（2）图面整洁，图线清晰、流畅，标注完整。

2. 绘制男西裤前后裤片缩比图。

制图规格： 单位：cm

裤长	腰围	臀围	上裆长	中裆	脚口	腰宽
103	76	100	28	23	22	4

要求：

（1）按 1∶5 的比例绘制男西裤前后裤片缩比图。

（2）要求图面整洁，图线清晰、流畅，标注完整。

第一单元测试题

一、填空题（每空 1 分，共 22 分）

1. 服装结构制图的主要依据是_____，制定服装放松量的主要依据之一是_____。
2. 女性乳胸隆起，使女装通过_____、_____及_____达到合体的目的。
3. 成品的构成包括_____、_____、_____三要素。
4. 服装工业企业在扩大号型范围时，应按各系列所规定的_____和_____进行。
5. 服装制图中的线条有不同的表现形式，其表现形式称为_____。
6. 裙子从外形结构看，大致可分为_____、_____、_____和_____等。
7. 裤长的测定一般自_____处向上_____cm 左右为始点，顺直向下量至所需长度。
8. 高腰裙可分为_____与_____两种类型。
9. 斜裙从外观上看有_____、_____等款式。
10. 男西裤前横裆大在横裆线与侧缝直线相交处偏进_____cm。

二、选择题（每小题 2 分，共 20 分。每小题选项中只有一个答案是正确的，请将正确答案的序号填在题后的括号内）

1. 某女生身高 162 cm、胸围 79 cm、腰围 64 cm，应选购（　　）号型的上衣和裤子。
   A. 162/79A　162/64A
   B. 160/80A　160/64A
   C. 160/80A　160/66A
   D. 160/80B　160/64B
2. 上装的衣长与控制部位中的（　　）有关。
   A. 身高
   B. 胸围
   C. 颈椎点高
   D. 坐姿颈椎点高
3. 排料一般要求掌握的两对之一是（　　）。
   A. 直对横
   B. 直对直
   C. 斜对直
   D. 斜对横
4. 裁剪一条普通西裤，使用的面料门幅为 144 cm，需要用料 110 cm。如果这条西裤做成连腰裤，需用的面料是（　　）。
   A. 110 cm
   B. 106 cm
   C. 114 cm
   D. 120 cm
5. 女西裤前腰围大计算公式是（　　）。
   A. W/4−0.5+褶
   B. W/4−1+褶
   C. W/4+1+褶
   D. W+1+褶
6. 男西裤大档宽的计算公式是（　　）。
   A. 0.8/10H
   B. H/10
   C. 0.9/10H
   D. 0.5/10H
7. 西短裤的后脚口的计算公式是（　　）。
   A. 脚口+2 cm
   B. 脚口+3 cm
   C. 脚口+3.5 cm
   D. 脚口+2.5 cm
8. 宽松裤的前脚口大计算公式是（　　）。
   A. 脚口大−2 cm
   B. 脚口大+2 cm
   C. 脚口−1.5 cm
   D. 脚口+1.5 cm

9. 直裙的前臀围大计算公式是( )。
   A. H/4-1 cm   B. H/4   C. H/4+1 cm   D. H/4+2 cm
10. A字裙的前片省长一般是( )。
    A. 6 cm   B. 8 cm   C. 10 cm   D. 11 cm

三、判断题(每小题1分,共10分。正确的在题后括号内画"√",错误的画"×")

1. 对有倒顺毛、倒顺花及倒顺格的衣料,在服装结构图上应标明方向,以免裁错。 ( )
2. 采用全棉面料制作服装,服装制图时长度、宽度应适当放长、放宽。 ( )
3. 服装衣片的实际大小是根据服装制图的图样确定的。 ( )
4. 排料要求合理套排,排列紧凑。 ( )
5. 单件排料是批量排料的基础,所以在实际裁剪中只要注意合理布局,两者的耗用量是一致的。 ( )
6. 直裙的腰口劈势一般应等于腰臀差。 ( )
7. 起翘是使后裆缝拼接后腰口顺直的先决条件,后裆缝斜度越大,起翘越高。 ( )
8. 女西裤近侧缝边的省稍小,省长10~12 cm,近后缝边的省稍大,省长11~13 cm。 ( )
9. 不论什么体型,男女西裤前片的前横裆大都是在横裆线与侧缝直线相交处偏进1 cm。( )
10. 上裆的长度随款式变化而变化。 ( )

四、解释术语(每小题2分,共6分)

1. 分割
2. 丝绺
3. 劈势

五、填图题(每空1分,共11分)

1. 写出女直裙后片标注处的数据。

① _____

② _____

③ _____

④ _____

⑤ _____

⑥ _____

2. 在下图的标注处填上斜裙的公式或数据。

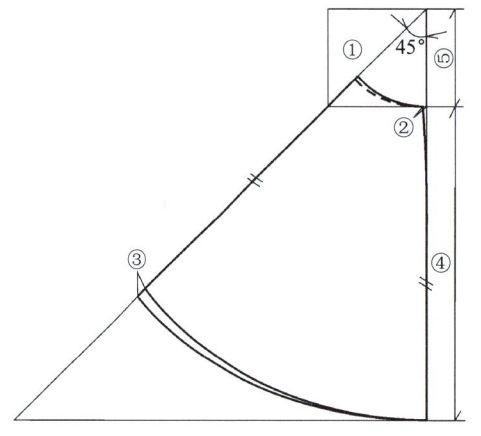

① _____

② _____

③ _____

④ _____

⑤ _____

六、简答题(3 小题,共 18 分)

1. 直裙侧缝的裙腰缝为何要起翘?
2. 试述女西裤后裆缝斜度与后翘的关系。
3. 试述裤子中裆线位置与裤子款式的关系。

七、绘图题(13 分)

制图规格: 单位:cm

部位	裤长	腰围	臀围	上裆长	中裆	脚口	腰宽
规格	103	76	100	28	23	22	4

要求:

1. 按 1∶5 的比例绘制男西裤前后裤片结构图。
2. 图面整洁,图线清晰、分明、流畅,标注完整。

第六章　衬衫结构制图

第一节　女衬衫练习题

一、填空题

1. 女衬衫的款式变化主要表现在_____、_____、_____等部位。男衬衫的款式变化主要表现在_____、_____等。
2. 在没有测量条件的情况下,女衬衫腰节长的数值可按_____计算。
3. 制图时女上装的胸高位为_____至_____的测量值加上_____。
4. 肩斜的确定一般有两种方法,一是_____,二是_____。
5. 上装底边起翘的原因有两个,一是_____,二是_____。
6. 由于人体颈部形状决定制图时后领宽应_____前领宽。
7. 女衬衫已知规格为衣长 64 cm,胸围 96 cm,袖长 56 cm,门幅 114 cm,则用料是_____。
8. 上装门襟处的横纽眼外端超出叠门一般为_____cm。

二、选择题（把正确的答案填写在括号内）

1. 女衬衫袖片制图中的袖中线取袖肥大的(　　)。
   A. 1/2　　　　B. 1/2 前移 0.3 cm　　　　C. 1/2 前移 0.5 cm　　　　D. 1/2 后移 0.3 cm
2. 为满足人体肩胛骨隆起及前肩部平挺的需要,后小肩线应略长于前小肩线,数值一般控制在(　　)之间。
   A. 0.5~1 cm　　　B. 1~1.5 cm　　　C. 1.5~2 cm　　　D. 2~2.5 cm
3. 女衬衫前肩斜度的比值是(　　)。
   A. 15∶3　　　B. 15∶4　　　C. 15∶5　　　D. 15∶6
4. 春秋季上衣的袖窿深公式为(　　)cm。
   A. B/6+1　　　B. B/6+2　　　C. B/6+3　　　D. B/6+4
5. 上装门、里襟叠合后,纽扣的中心应落在叠门线上,考虑到前中心线上所受到的拉力,门里襟叠门的最小值应为(　　)。
   A. 1 cm　　　B. 1.5 cm　　　C. 1.8 cm　　　D. 2 cm

三、判断题（在下列叙述中,你认为正确的在括号内画"√",错误的画"×"）

1. 袖斜线是袖肥宽与袖山高所确定的矩形上的一条对角线。　　　　　　　　(　　)
2. 袖斜线不能调节袖肥宽与袖山高的大小。　　　　　　　　　　　　　　　(　　)
3. 服装的门、里襟大小与纽扣的直径有关,纽扣直径越大,叠门越小。　　　(　　)
4. 女衬衫的肩胸省所用的比值是 15∶2。　　　　　　　　　　　　　　　　(　　)

5. 女衬衫的领驳平直线按 $0.8h_0$ 作驳口线的平行线。（　　）

四、填图题

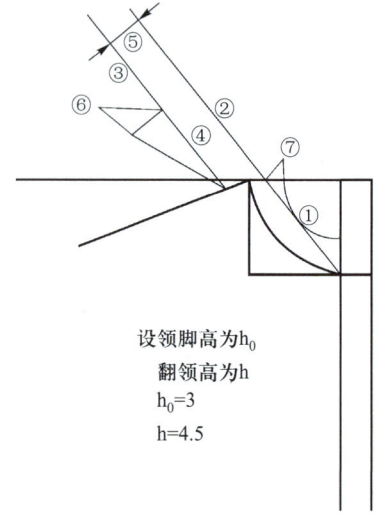

① _____

② _____

③ _____

④ _____

⑤ _____

⑥ _____

⑦ _____

五、简答题

1. 简试衣领依赖于前领圈制图的合理性。
2. 后小肩略长于前小肩的原因是什么？
3. 利用袖斜线确定袖山高线的优点是什么？
4. 领驳线基点是怎样确定的？

六、绘图题

制图规格：　　　　　　　　　　　　　　　　　　　　　　　　　　　　　　单位：cm

号型	部位	衣长	胸围	领围	肩宽	袖长	前腰节长	胸高位	AH
160/84A	规格	64	96	36	40	56	40	24	42

要求：

1. 按 1∶5 的比例绘制女衬衫前后衣片、袖片、领片结构图。
2. 图面整洁，图线清晰、分明、流畅，标注完整。

第二节　连衣裙练习题

一、填空题

1. 连衣裙是指_____与_____连接在一起的服装。
2. 连衣裙的款式分为_____与_____两种。

3. 连衣裙的腰围放松量一般在测量人体后加放_____ cm 左右。

4. 腰围剪接型连衣裙,按剪接的位置不同,可分为_____、_____和_____等类型。

5. 腰围无剪接式连衣裙可分为_____、_____、_____。

二、解释术语

1. 凹势

2. 止口

三、选择题(把正确的答案填写在括号内)

1. 连衣裙上衣后衣片的后背宽公式是(　　)。
   A. B/6+2.5 cm　　　B. B/6+2.7 cm　　　C. B/6+3 cm　　　D. B/6+2 cm

2. 连衣裙上衣部分前肩斜的比值是(　　)。
   A. 15∶6　　　B. 15∶4.5　　　C. 15∶3　　　D. 15∶5.5

3. 连衣裙的臀长线可按(　　)计算。
   A. 0.1 号+1 cm　　　B. 0.1 号+2 cm　　　C. 0.1 号+3 cm　　　D. 0.1 号+4 cm

四、判断题(在下列叙述中,你认为正确的在括号内画"√",错误的画"×")

1. 连衣裙上衣部分的前胸宽等于后背宽。　　　　　　　　　　　　　　　　(　　)

2. 连衣裙上衣部分前衣片的腰节省尖应距离 BP 点 4 cm。　　　　　　　　(　　)

3. 连衣裙上衣部分的腋胸省与后肩省的比值相等。　　　　　　　　　　　(　　)

4. 在连衣裙的袖片制图中,前袖山弧线应在袖山斜线的 1/2 处转折。　　　(　　)

5. 扩展式连衣裙一般自腰围以下向外扩展,属于宽松型。　　　　　　　　(　　)

6. 连衣裙裙片的前、后腰口大相等。　　　　　　　　　　　　　　　　　(　　)

7. 中腰剪接连衣裙的剪接位置应高于人体腰部。　　　　　　　　　　　　(　　)

8. 连衣裙上衣前片的袖窿深应是 B/6+1.5 cm。　　　　　　　　　　　　(　　)

9. 连衣裙上衣片的前后长度相等。　　　　　　　　　　　　　　　　　　(　　)

五、简答题

1. 连衣裙成品规格为衣裙长 109 cm,胸围 92 cm,袖长 22 cm,裙长 70 cm,门幅 114 cm,用料是多少?

2. 不同位置的腰围剪接式连衣裙,剪接位置一般是在人体的哪些部位上下波动?

六、绘图题

制图规格:　　　　　　　　　　　　　　　　　　　　　　　　　　　　单位:cm

号型	部位	衣长	胸围	领围	腰围	肩宽	前腰节长	胸高位	裙长
160/84A	规格	109	92	36	74	39	39	24	70

要求:

1. 按 1∶5 的比例绘制女连衣裙前后衣片、裙片结构图(领口的造型自定)。

2. 图面整洁,图线清晰、分明、流畅,标注完整。

第三节 男衬衫练习题

一、填空题

1. 男衬衫的特点是_____,即可在春秋天作为_____与_____搭配穿着,也可以在夏季作为_____穿着。
2. 男衬衫的款式特征是领型为_____,前衣片_____有一个贴袋,袖型为_____,袖口装_____,收_____三个。
3. 男衬衫胸围的_____宜稍大,以便穿着_____,但也可根据_____倾向而定。
4. 男衬衫的袖肥大为_____,袖口大是_____。

二、选择题(把正确的答案填写在括号内)

1. 男衬衫前肩斜的比值是( )。
   A. 15∶5.5　　　　　　　　　B. 15∶3
   C. 15∶6　　　　　　　　　　D. 15∶2.5
2. 男衬衫的后直开领的数值是( )。
   A. 2.3 cm　　　　　　　　　B. 2.5 cm
   C. 2.8 cm　　　　　　　　　D. 2 cm
3. 男衬衫胸袋的袋口大为( )。
   A. 0.05B　　　　　　　　　　B. 0.05B+6 cm
   C. 袋口大+1.2 cm　　　　　D. 袋口大+1.5 cm
4. 男衬衫的前胸宽是( )。
   A. B/6+2 cm　　　　　　　　B. B/6+1.5 cm
   C. B/6+3 cm　　　　　　　　D. B/6+4 cm

三、判断题(在下列叙述中,你认为正确的在括号内画"√",错误的画"×")

1. 男衬衫的前肩宽等于1/2总肩宽。　　　　　　　　　　　　　　　　　( )
2. 男衬衫的后肩斜的比值为15∶5.5。　　　　　　　　　　　　　　　　( )
3. 男衬衫的胸袋后角要上翘0.7 cm。　　　　　　　　　　　　　　　　( )
4. 男衬衫的底领大等于前、后领圈弧长。　　　　　　　　　　　　　　( )
5. 男衬衫袖口不收褶,则袖口开衩位置应定在袖口的1/2处。　　　　　( )
6. 男衬衫有五粒扣,且扣子之间的距离相等。　　　　　　　　　　　　( )
7. 男衬衫前衣片的直开领与横开领大相等。　　　　　　　　　　　　　( )
8. 直腰身男衬衫,底边与摆缝已成直角,故底边不需要起翘。　　　　　( )

四、填图题

按下页图所示填出男衬衫领子有关数据和公式。

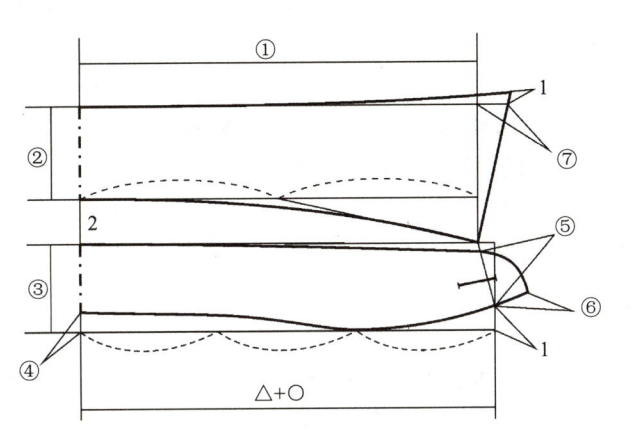

① _____
② _____
③ _____
④ _____
⑤ _____
⑥ _____
⑦ _____

五、问答题

1. 为什么装脚领的领圈与连脚领的领圈形状不一样？
2. 男衬衫袖口开衩位置如何确定？
3. 为什么男衬衫第一粒扣与第二粒扣的距离比其他款式的上衣纽位间的距离稍短？
4. 为什么男衬衫前胸袋的袋口不上斜？

六、绘图题

制图规格：　　　　　　　　　　　　　　　　　　　　　　　　　单位:cm

号型	部位	衣长	胸围	领围	肩宽	袖长	前腰节长
170/88A	规格	71	110	39	46	59.5	42.5

要求：

1. 按1∶5的比例绘制男衬衫前后衣片、领片图。
2. 图面整洁，图线清晰、分明、流畅，标注完整。

第四节　衬衫款式变化练习题

一、填空题

1. 根据男女衬衫的基本款式，在_____、_____及_____等方面加以变化，使之成为新的款式。
2. 两用型翻驳领是指衣领在穿着过程中既可作为_____，又可作为_____使用的一种领型。
3. 泡泡袖造型的常见类型有：①_____、②_____、③_____。

4. 胸褶裥的分布应指向_____。

二、选择题（把正确的答案填写在括号内）

1. 胸褶裥的边界线与胸高点的距离不得小于(　　　)。
   A. 2 cm　　　　　　B. 3 cm　　　　　　C. 4 cm　　　　　　D. 5 cm
2. 两用型翻驳领的前后领宽比正常的关门领的领宽(　　　)。
   A. 大　　　　　　　B. 小　　　　　　　C. 相等
3. 无袖类袖型的袖窿深度比基本型袖型的袖窿深度(　　　)。
   A. 略大　　　　　　B. 相等　　　　　　C. 小
4. 两用型翻驳领的领脚高和翻领高分别是(　　　)。
   A. $h_0 = 3$　$h = 4$　　B. $h_0 = 4.5$　$h = 3$　　C. $h_0 = 2.5$　$h = 4$

三、判断题（在下列叙述中，你认为正确的在括号内画"√"，错误的画"×"）

1. 两用型翻驳领的驳脚与驳领的起始点应定位在前领深线与搭门线的交点处。（　　）
2. 两用型翻驳领在结构制图中驳头外围线应与止口线重合，不能偏进或偏出。（　　）
3. 在处理短袖衬衫的袖口线时，袖肥宽不变的前提下，袖口越小，袖底线的斜度越小。（　　）

四、问答题

1. 试述短袖衬衫为什么要改变袖底线与袖口线的形状。
2. 试述前后腰节长度差在女装结构中的处理要点。

五、绘图题

（一）绘制男衬衫款式变化图

制图规格：　　　　　　　　　　　　　　　　　　　　　　　　　　　　　　单位：cm

号型	部位	衣长	胸围	领围	肩宽	袖长	前腰节长
170/88A	规格	71	110	39	46	22	42.5

要求：

1. 按 1∶5 的比例绘制男衬衫款式变化前后衣片、领片图。
2. 图面整洁，图线清晰、分明、流畅，标注完整。

（二）按如下所给的款式图绘制出结构图

要求：

1. 根据所提供的款式图按 1∶5 的比例绘制出结构图。
2. 规格按 160/84A 自行设计。
3. 图面整洁，图线清晰、分明、流畅，标注详细。

第七章　两用衫结构制图

第一节　女两用衫练习题

一、填空题

1. 两用衫因其能跨季穿着而得名,其_____、_____不受局限。
2. 女两用衫的胸围放松量一般在_____cm。
3. 女两用衫大袋位置高低的确定以_____线为参考线。
4. 劈门是指_____。
5. 女两用衫的前肩宽是_____。
6. 女两用衫的袖口大计算公式是_____。

二、选择题(把正确的答案填写在括号内)

1. 女两用衫的领型为无领型,其领宽应比正常领型略放出(　　)。
   A. 1 cm　　　　　B. 1.5 cm　　　　　C. 2 cm　　　　　D. 2.5 cm
2. 女两用衫袋口大的中点是由胸宽线前移(　　)。
   A. 1 cm　　　　　B. 1.5 cm　　　　　C. 2 cm　　　　　D. 2.5 cm
3. 女两用衫袖子的后偏袖量是(　　)。
   A. 1 cm　　　　　B. 1.5 cm　　　　　C. 2 cm　　　　　D. 2.5 cm
4. 女两用衫的前后衣片肩部的放缝均为(　　)。
   A. 1 cm　　　　　B. 1.5 cm　　　　　C. 2 cm　　　　　D. 2.5 cm

三、判断题(在下列叙述中,你认为正确的在括号内画"√",错误的画"×")

1. 女两用衫的前、后横开领相等。　　　　　　　　　　　　　　　　　(　　)
2. 女两用衫后衣片底边起翘 0.3 cm。　　　　　　　　　　　　　　　(　　)
3. 女两用衫的袖山斜线的计算公式为 AH/2+0.3 cm。　　　　　　　　(　　)
4. 女两用衫的袖肥大计算公式是 B/5+1 cm。　　　　　　　　　　　 (　　)
5. 女两用衫的前后袖窿深的计算公式相同。　　　　　　　　　　　　(　　)
6. 女两用衫的后小肩大于前小肩。　　　　　　　　　　　　　　　　(　　)
7. 女两用衫的袋口位置是以胸宽线为中心的,袋口大为 B/10+4 cm。　(　　)
8. 女两用衫的袋口高为 1/5 腰节长。　　　　　　　　　　　　　　　(　　)
9. 女两用衫前衣片底边起翘 0.5 cm。　　　　　　　　　　　　　　　(　　)
10. 女两用衫在制图时,前后衣片在胸围线以上的长度相等。　　　　 (　　)

四、填图题

按下图所示标出女两用衫袖里布的放缝数据。

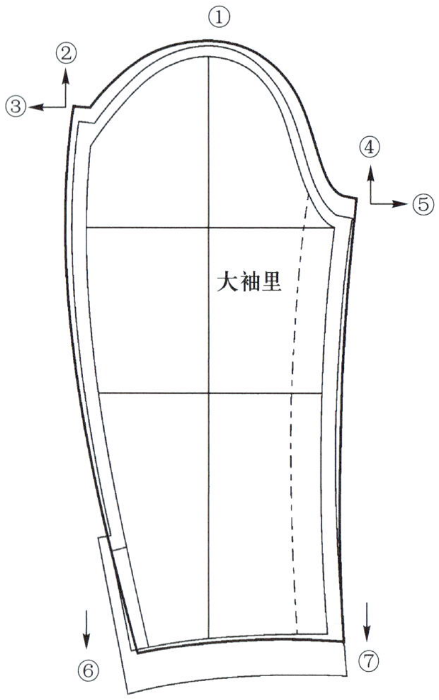

① _____

② _____

③ _____

④ _____

⑤ _____

⑥ _____

⑦ _____

五、简答题

1. 为什么两片袖有前后偏袖量？
2. 简述在什么条件下,女式上衣的前衣片可以不收省。

六、绘图题

制图规格：　　　　　　　　　　　　　　　　　　　　　　　　　　　　　　　　单位:cm

号型	部位	衣长	胸围	领围	肩宽	袖长	前腰节长	胸高位	AH
160/84A	规格	70	102	39	42	56	40	24	48

要求：

1. 按1:5的比例绘制女两用衫前后衣片、袖片结构图。
2. 图面整洁,图线清晰、分明、流畅,标注完整。

第二节　夹克衫练习题

一、填空题

1. 夹克衫的衣长_____一般上衣,胸围的加放量较一般上衣_____,约在_____cm。

2. 夹克衫的登闩长为_____；宽是_____cm。
3. 夹克衫前衣片肩斜比值是_____；后衣片肩斜比值是_____。
4. 当夹克衫的胸围大是 114 cm 时，袖肥宽是_____cm。

二、选择题（把正确的答案填写在括号内）
1. 夹克衫前衣片的下摆大是由前胸围大(　　)。
   A. 放出 2.5 cm　　　　B. 放出 2 cm　　　　C. 收进 1 cm　　　　D. 收进 2 cm
2. 夹克衫的后衣片下摆大是由前胸围大(　　)。
   A. 放出 2.5 cm　　　　B. 放出 2 cm　　　　C. 收进 1 cm　　　　D. 收进 2 cm
3. 夹克衫袖头大的计算公式是(　　)。
   A. B/5+6 cm　　　　B. B/5+4 cm　　　　C. B/10+5 cm　　　　D. B/5+1 cm

三、判断题（在下列叙述中，你认为正确的在括号内画"√"，错误的画"×"）
1. 在夹克衫的制图中，颈肩点距标准领口圆的距离是 2.4 cm。　　　　　　　　(　　)
2. 男上装胸背差的确定公式是：$0 \leq B/10+8 \leq 3$。　　　　　　　　　　　　(　　)
3. 男上装胸背差公式适用于任何体型。　　　　　　　　　　　　　　　　　　(　　)
4. 夹克衫的前后袖口大相等。　　　　　　　　　　　　　　　　　　　　　　(　　)
5. 夹克衫的前后摆缝近似直线，所以底边不需要起翘。　　　　　　　　　　　(　　)
6. 夹克衫的前后衣片长度相等。　　　　　　　　　　　　　　　　　　　　　(　　)

四、问答题
1. 为什么宽松型男上衣的肩斜度与基础型男上衣的肩斜度不相同？
2. 男上衣的基础肩斜是多少？如果是宽松型男上衣，应如何调整其肩斜度？

五、绘图题

（一）完成夹克衫领制图

按 1∶5 的比例绘制，前领圈弧长 = 11.5 cm，后领圈弧长 = 9.5 cm，h_0 = 3 cm，h = 5 cm。

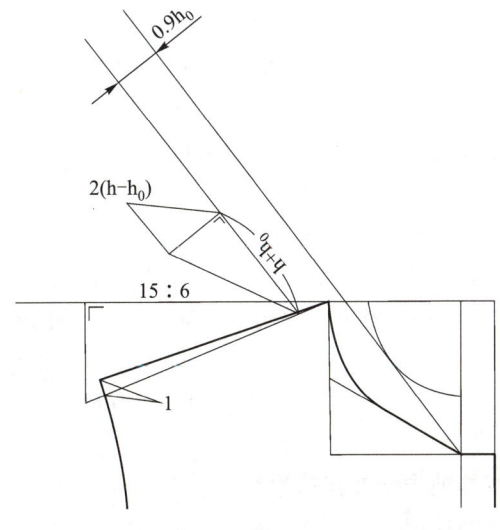

（二）绘制夹克衫前后衣片

制图规格： 单位：cm

号型	部位	衣长	胸围	领围	肩宽	袖长	前腰节长	下摆
170/88A	规格	64	114	42	46	60	42.5	108

要求：

1. 按 1∶5 的比例绘制夹克衫前、后衣片结构图。
2. 图面整洁，图线清晰、分明、流畅，标注完整。

第三节　两用衫款式变化练习题

一、填空题

1. 分割线是女装中应用最广的一种形式，通过分割线，将原有的_____融入到衣缝中，发挥了_____和_____两大功能。
2. 在服装上以_____形式出现，但不属于必要结构线的线，称为_____。
3. 分割线的表现形式有_____、_____、_____。
4. 一件衣服运用两种或两种以上分割线，称为_____。
5. 女两用衫款式变化（Ⅰ）采用的是_____分割。

二、选择题（把正确的答案填写在括号内）

1. 猎装后衣片的分割属于（　　）分割。
   A. 部位　　　　　　B. 方向　　　　　　C. 形式
2. 女两用衫款式变化（Ⅰ）在结构制图中，后领深是（　　）。
   A. 1.5 cm　　　　B. 2 cm　　　　C. 2.2 cm　　　　D. 2.5 cm
3. 女两用衫款式变化（Ⅱ）在袖子结构制图中，后偏袖量是（　　）。
   A. 1.5 cm　　　　B. 2 cm　　　　C. 2.2 cm　　　　D. 2.5 cm
4. 前身衣缝分割的进出以离（　　）的进出为标准。
   A. 前腰腋点　　　B. 胸高点　　　C. 颈窝点　　　D. 前腰中点
5. 连省成缝主要有衣缝和分割缝两种形式，其中（　　）是衣缝。
   A. 高背缝　　　　B. 公主缝　　　C. 刀背缝　　　D. 背缝
6. 省道变化主要应用于女装中，公主线两用衫是属于（　　）的省道变化形式。
   A. 连省成缝分割　　　　　　　　B. 单个省道的转移应用
   C. 多个省道的转移应用　　　　　D. 连省成缝

三、简答题

1. 为什么贴袋的前侧线与前中线要保持平行。
2. 试述分割线数量变化的原因。

第三节　两用衫款式变化练习题

四、绘图题

要求：

1. 根据所提供的款式图按 1∶5 的比例绘制出结构图。
2. 规格按 160/84A 自行设计。
3. 图面整洁，图线清晰、分明、流畅，标注详细。

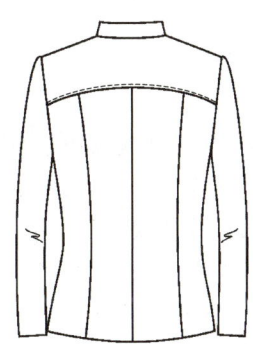

第八章 西服结构制图

第一节 女西服练习题

一、填空题

1. 女西服为合体型服装,其胸围放松量不宜过大,一般可控制在_____ cm 之间。
2. 女西服袖窿深公式为_____,应从_____量下。
3. 女西服前横开领计算公式为_____,肩宽计算公式为_____。
4. 女西服一般可取领胸省,省根距驳口线_____ cm,省的长度一般为_____ cm。省大按比值确定为_____,省尖应指向_____。
5. 女西服袋口距腰节线是_____ cm,袋位的进出按腰省位向前中线偏移_____ cm,袋口大计算公式为_____。
6. 女西服由于加收领胸省,_____肩端点等均应相应移位,采用的方法是_____。
7. 女西服前后底边线与摆缝线的交角应保持_____。
8. 女西服袖肘线的确定方法是_____。
9. 女西服布局合理,_____,_____,_____,是女性较理想的礼服和日常穿着的服装。
10. 女西服前衣片的放缝,领口为_____ cm,肩缝为_____ cm,底边为_____ cm。

二、选择题(把正确的答案填写在括号内)

1. 正常情况下,前后衣片小肩线长度的正确关系是(   )。
   A. 前大于后　　　　　　B. 前后相等　　　　　　C. 后大于前
2. 女西服结构制图中,前后肩端点都按原肩点抬高 0.7 cm,其原因是(   )。
   A. 由于女西服领胸省的影响所致
   B. 由于肩斜度对女西服来说不准确,需要进行调整
   C. 由于西服配有垫肩,肩斜度应适当减小
   D. 是为了增加袖窿深度
3. 女西服袖山中线的正确定位方法是(   )。
   A. 按袖肥的 1/2 定位
   B. 按袖肥减 0.7 cm 的 1/2 定位
   C. 按袖肥加 0.7 cm 的 1/2 定位
4. 当袖窿弧长 AH 确定时,下列说法正确的是(   )。
   A. 只要确定了袖肥,袖山深必为定数,若改变了袖肥,必然引起袖山深的变化

B. 确定了袖肥以后,袖山深还可以调节

C. 袖肥和袖山深均为定数,不能再进行变化

5. 对女西服的领胸省,下列说法正确的是(　　)。

A. 收女西服领胸省,能使衣服更合体

B. 当驳头翻折后,领胸省省缝不能外漏,不破坏服装的整体效果

C. 女西服必须收领胸省,否则是错误的

6. 一件女西服所标的号型为 160/84A,成品胸围是 96 cm,胸围的放松量是(　　)。

A. 10 cm　　　　　　B. 12 cm　　　　　　C. 16 cm　　　　　　D. 8 cm

三、判断题(在下列叙述中,你认为正确的在括号内画"√",错误的画"×")

1. 领口标准圆是以上平线与叠门线交点为圆心,以前横开领减 0.8 h 为半径画出的圆。

(　　)

2. 西服驳口线与领口标准圆的切点位置只与 h_0 有关,当 h_0 确定时,切点位置必然确定。

(　　)

3. 袖山的弧长是由袖窿弧长加松量确定的。　　　　　　　　　　　　　(　　)

4. 翻驳领上衣配领制图时,翻领松度越大,领外口线越长。　　　　　　(　　)

5. 女西服领面和领里的放缝是一样的。　　　　　　　　　　　　　　　(　　)

6. 女西服挂面应在缉合领胸省的基础上进行裁配。　　　　　　　　　　(　　)

四、填图题

1. 完成下面女西服领子制图并标出主要数据和公式。

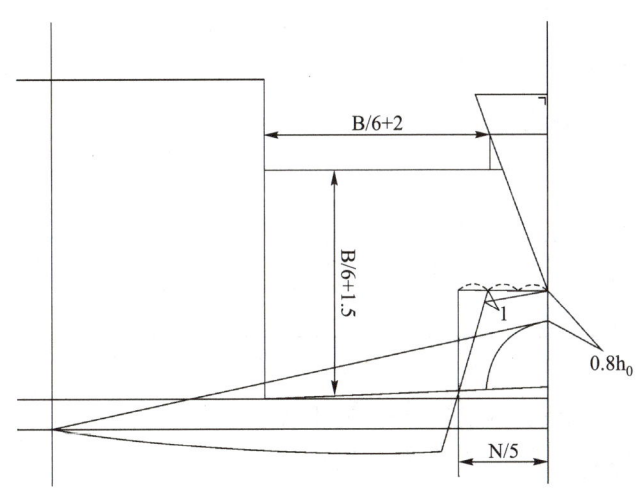

2. 标出女西服领子制图的主要数据及公式。

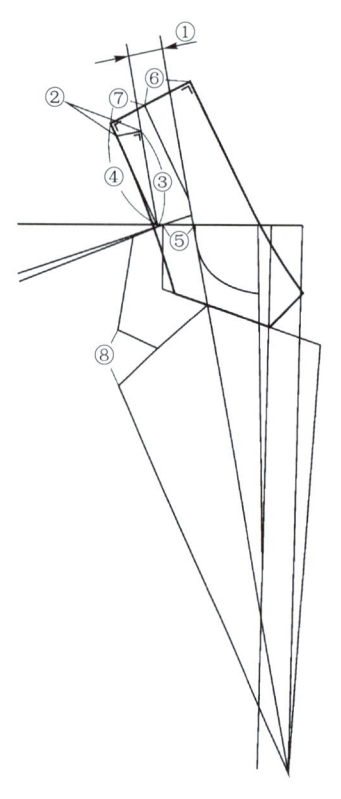

① _____

② _____

③ _____

④ _____

⑤ _____

⑥ _____

⑦ _____

⑧ _____

五、问答题

1. 女西服为什么常采用领胸省？
2. 为什么西服前领圈画成方角形？

六、绘图题

制图规格： 单位：cm

号型	部位	衣长	胸围	领围	肩宽	袖长	前腰节长	胸高点
160/84A	规格	66	96	36	40	56	40	24

要求：

1. 按 1 : 5 的比例绘制女西服前后衣片、袖片结构图。
2. 图面整洁，图线清晰、分明、流畅，标注完整。

第二节　男西服练习题

一、填空题

1. 男西服适体程度较高，胸围的放松量一般可控制在_____ cm 之间。
2. 男西服前胸宽、后背宽的计算公式分别是_____、_____。

3. 男西服手巾袋定位方法是:口袋后角距胸宽线_____ cm,口袋后角按胸围线翘上_____ cm,袋口大的计算公式为_____,袋宽_____ cm。

4. 男西服大袋袋口大的计算公式为_____,袋盖宽一般为_____ cm,大袋口处一般要开_____省,省大_____ cm。

5. 男西服后衣片上平线比前衣片长出_____ cm,而女西服前后衣片上平线可保持_____。

6. 平驳领、单排两粒扣男西服扣位定位方法是:第一粒扣与_____平齐,第二粒扣在_____处。

7. 西服背心的前小肩宽是取西服前肩宽的_____,并低落_____ cm。

8. 西服背心的前角长为_____。

9. 西服背心的摆衩长为_____ cm。

10. 西服背心胸围线比男西服胸围线低落_____ cm。

二、判断题(在下列叙述中,你认为正确的在括号内画"√",错误的画"×")

1. 西服领的领座宽和翻领宽是进行领子制图的主要参数,二者参数越大,领座线偏离驳口线就越远。 ( )
2. 西服绱领点位置总是固定不变的。 ( )
3. 一般情况下西服领头宽要略小于驳头缺嘴宽。 ( )
4. 男女西服前后横开领的计算方法是相同的。 ( )
5. 男西服肩端点抬高1 cm是为了突出肩部。 ( )
6. 男女西服串口线都是取直开领的1/2。 ( )
7. 西服背心的大、小袋袋口是平齐的,并与止口线平行。 ( )
8. 西服背心的前后小肩长相等。 ( )

三、填图题

1. 标出下图中男西服胸衬裁配主要数据和衬的名称。

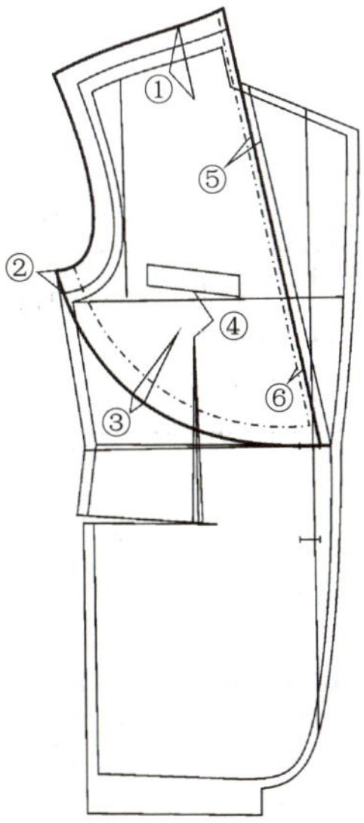

① _____
② _____
③ _____
④ _____
⑤ _____
⑥ _____
⑦ 粗实线表示_____
⑧ 点画线表示_____

2. 下图是男西服后衣片结构图,请标出有关制图数据、计算公式。

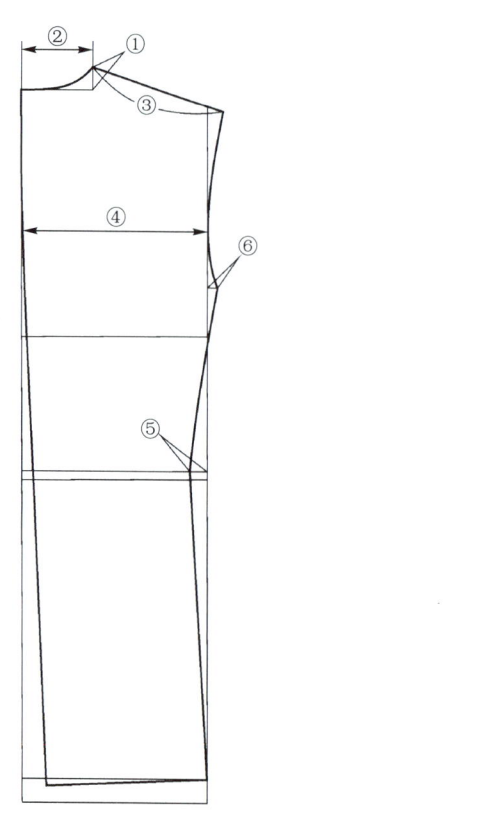

① _____

② _____

③ _____

④ _____

⑤ _____

⑥ _____

四、问答题

1. 试述男西服腋下省延长并直通到底有哪些作用。
2. 试述男西服款式变化主要表现在什么部位。

五、绘图题

制图规格：　　　　　　　　　　　　　　　　　　　　　　　　　　　　　单位:cm

号型	部位	衣长	胸围	领围	肩宽	袖长	前腰节长
170/88A	规格	75	108	40	45	58.5	42.5

要求：

1. 按1∶5的比例绘制男西服前后衣片、袖片结构图。
2. 图面整洁,图线清晰、分明、流畅,标注完整。

第三节　西服款式变化练习题

一、填空题

1. 西服的变化虽然很多,但主要表现在_____。
2. 西服变化的部位有：_____、叠门、_____、_____、开衩的位置。
3. 西服一般按驳头长短可分为_____、_____、_____三种；按叠门大小可分为_____和_____；根据驳头形状一般可分为_____、_____。
4. 男西服一般可在_____或_____部位开衩。
5. 长驳头西服一般是_____粒纽,其纽位一般在_____以下_____以上；中长驳头西服一般是_____粒纽,第一粒纽位一般在_____以上约_____以内。

二、判断题（在下列叙述中,你认为正确的在括号内画"√",错误的画"×"）

1. 男西服驳头一定比女西服驳头宽。　　　　　　　　　　　　　（　）
2. 戗驳头西服一般要比平驳领西服驳头要宽。　　　　　　　　　（　）
3. 各种西服其驳头宽窄及形状都是确定不变的。　　　　　　　　（　）
4. 虽然平驳领驳头和戗驳领驳头形状不同,但领子的制图方法并没有本质区别。（　）
5. 所有西服领制图方法都是相同的,所以只要打出一个领样,各种西服均可通用。（　）

三、问答题

1. 袖山高低及袖肥大小对服装穿着效果有什么影响？
2. 双排扣西服叠门宽窄大小不同对西服外观会产生什么影响？

四、绘图题

（一）贴袋女西服

制图规格：　　　　　　　　　　　　　　　　　　　　　　　　单位：cm

号型	部位	衣长	胸围	领围	肩宽	袖长	前腰节长	胸高点
160/84A	规格	66	96	36	40	56	40	24

要求：

1. 按1：5的比例绘制贴袋女西服前后衣片缩比结构图。
2. 图面整洁,图线清晰、分明、流畅,标注完整。

（二）双排扣戗驳领男西服

制图规格：　　　　　　　　　　　　　　　　　　　　　　　　单位：cm

号型	部位	衣长	胸围	领围	肩宽	袖长	前腰节长
170/88A	规格	75	108	40	45	58.5	42.5

要求：

1. 按1：5的比例绘制双排扣戗驳领男西服前后衣片缩比结构图。
2. 图面整洁,图线清晰、分明、流畅,标注完整。

第二单元测试题

一、填空题(每空1分,共25分)

1. 肩斜的确定一般有两种方法,一是_____,二是_____。
2. 男衬衫的袖肥大的计算公式为_____,袖口大的计算公式是_____。
3. 如果一件衣服运用两种或两种以上分割线,称为_____分割。
4. 女西服一般可取领胸省,省根距驳口线_____cm,省的长度一般为_____cm,省大按比值确定为_____,省尖应指向_____。
5. 女西服前后底边线与摆缝线的交角应保持_____。
6. 女西服由于加收领胸省,_____肩端点等均需相应移位,采用的方法是_____。
7. 男西服大袋袋口大的计算公式为_____,袋盖宽一般为_____cm,大袋口处一般要开_____省,省大_____cm。
8. 西服背心的前小肩宽是取西服前肩宽的_____,并低落_____cm。
9. 西服一般按驳头长短可分为_____、_____、_____三种;按叠门大小可分为_____和_____;根据驳头形状一般可分为_____、_____。

二、判断题(每小题1分,共10分。正确的在括号内画"√",错误的画"×")

1. 男衬衫有五粒扣,且扣子之间的距离相等。( )
2. 男衬衫前衣片的直开领与横开领大相等。( )
3. 男衬衫是直腰身,底边与摆缝已成直角,故底边不需要起翘。( )
4. 西服绱领点位置总是固定不变的。( )
5. 一般情况下西服领头宽要略小于驳头缺嘴宽。( )
6. 男女西服前后横开领的计算方法是相同的。( )
7. 翻驳领上衣配领制图时,翻领松度越大,领外口线越长。( )
8. 女西服领面和领里的放缝是一样的。( )
9. 女西服挂面应在缉合领胸省的基础上进行裁配。( )
10. 所有西服领制图方法都是相同的,所以只要打出一个领样,各种西服均可通用。( )

三、选择题(每小题1分,共10分。把正确答案填在括号内)

1. 女衬衫前肩斜度的比值是( )。
   A. 15∶3　　　B. 15∶4.5　　　C. 15∶5　　　D. 15∶6
2. 男衬衫的后背宽的计算公式是( )。
   A. B/6+2.5 cm　　B. B/6+1.5 cm　　C. B/6+3 cm　　D. B/6+4 cm
3. 女两用衫的领型为无领型,其横开领应比正常领型略加宽( )。
   A. 1 cm　　　B. 1.5 cm　　　C. 2 cm　　　D. 2.5 cm

4. 男衬衫胸袋的袋口大为( )，袋长为袋口大+1.2 cm。

A. 0.05 B　　　　　　　　　　　　B. 0.05 B+6 cm

C. 袋口大+1.2 cm　　　　　　　　　D. 袋口大+1.5 cm

5. 女两用衫袖子的后偏袖量是( )。

A. 1 cm　　　B. 1.5 cm　　　C. 2 cm　　　D. 2.5 cm

6. 女两用衫的前后衣片肩部的放缝均为( )。

A. 1 cm　　　B. 1.5 cm　　　C. 2 cm　　　D. 2.5 cm

7. 正常情况下，前后衣片小肩线长度的正确关系是( )。

A. 前大于后　　　B. 前后相等　　　C. 后大于前

8. 女西服结构制图中，前后肩端点都按原肩点抬高0.7 cm，其原因是( )。

A. 由于女西服领胸省的影响所致

B. 由于肩斜度对女西服来说不准确，需要进行调整

C. 由于西服配有垫肩，肩斜度应适当减小

D. 是为了增加袖窿深度

9. 女西服袖山中线的正确定位方法是( )。

A. 按袖肥的1/2 定位

B. 按袖肥减0.7 cm 的1/2 定位

C. 按袖肥加0.7 cm 的1/2 定位

10. 当袖窿弧长 AH 确定时，下列说法正确的是( )。

A. 只要确定了袖肥，袖山深必为定数，若改变了袖肥，必然引起袖山深的变化

B. 确定了袖肥以后，袖山深还可以调节

C. 袖肥和袖山深均为定数，不能再进行变化

四、填图题（每空1分，共14分）

1. 按下图所示填出男衬衫领子有关数据和公式。

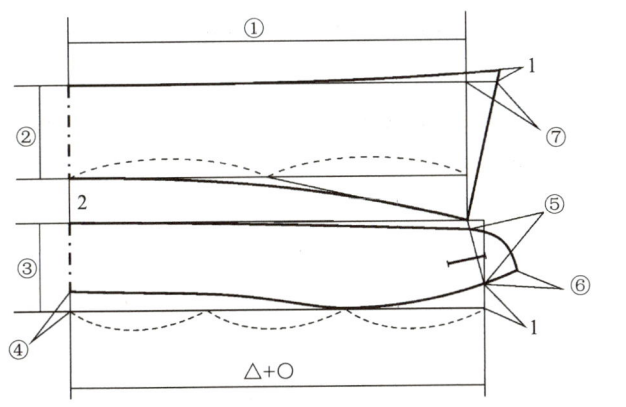

① _____

② _____

③ _____

④ _____

⑤ _____

⑥ _____

⑦ _____

2. 标出下图中男西服胸衬裁配主要数据和衬的名称。

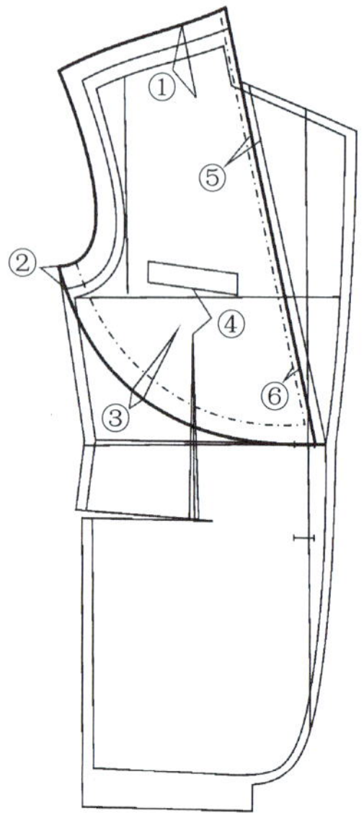

① _____

② _____

③ _____

④ _____

⑤ _____

⑥ _____

⑦ 粗实线为_____

⑧ 点画线为_____

五、问答题(每题 5 分,共 15 分)

1. 简述后小肩略长于前小肩的原因是什么。
2. 简述为什么男衬衫前胸袋的袋口不上斜。
3. 试述男西服腋下省延长并直通到底有哪些作用。

六、绘图题(26 分)

制图规格: 单位:cm

号型	部位	衣长	胸围	领围	肩宽	袖长	前腰节长
170/88A	规格	75	108	40	45	58.5	42.5

要求:

1. 按 1∶5 的比例绘制男西服前后衣片、袖片结构图。
2. 图面整洁,图线清晰、分明、流畅,标注完整。

第九章 中山服结构制图

第一节 中山服(呢)练习题

一、填空题

1. 中山服胸围放松量应略大于西服放松量,中山服袖长一般应比西服袖_____。

2. 中山服前衣片横开领计算公式是_____;后横开领计算公式是_____;中山服撇胸为_____cm。

3. 中山服胸袋的定位方法是:袋口与_____平齐,胸袋后角距胸宽线为_____,胸袋后角应_____cm,袋口大的计算公式为_____;小袋袋长的计算方法可按_____,袋底与袋口应保持_____,小袋前端应与面料_____保持平行。

4. 中山服大袋的定位方法是:袋口距腰节线为_____,袋口大的计算公式为_____,大袋前端线按腰节省向止口方向移出_____cm,并且与_____保持平行,大袋袋长的计算公式为_____,且袋底和袋口应当与_____保持平行。

5. 中山服前腰省是以_____向下作直线为省中线,上省尖距胸围线_____cm,下省尖按大袋口下_____cm,中腰处省大为_____cm。

6. 中山服袖肥的计算公式是_____。

7. 中山服后衣片上平线比前衣片上平线高出_____cm,比西服多_____cm。

8. 中山服领属于典型的_____领,其领子是由_____和_____两部分构成。

9. 中山服的造型均衡、_____、_____、_____,已成为中国代表性的男装之一。

二、选择题(把正确的答案填写在括号内)

1. 中山服大袋制图时,四周略呈外弧形是(　　)。
   A. 为了防止成品袋盖向内弯曲,使袋盖圆顺方正
   B. 因为底边是弧形的,所以袋盖也应制成弧形
   C. 因为成品袋盖四周呈弧形比直形更美观

2. 制图时中山服大袋盖周围应画成外弧形,其弧度的大小与(　　)有关系。
   A. 总是确定不变的
   B. 应随袋盖的长和宽的增加而略有增减
   C. 可随意确定

3. 相同条件下,中山服横开领与西服横开领相比(　　)。
   A. 二者应相等　　　　　　　　　B. 中山服大于西服
   C. 西服大于中山服　　　　　　　D. 无法确定

4. 正常情况下,男西服后衣片上平线比前衣片高出的量是(　　)。

A. 中山服大于西服

B. 中山服小于西服

C. 有时中山服大于西服,有时西服大于中山服

5. 呢中山服与布中山服相比,制图时在袖窿深、袖肥大、劈门大、偏袖等方面有所不同,根本原因是因为(　　)。

A. 两者适体程度不同

B. 两者穿着层次不同

C. 两者基本结构不同

三、填图题

下图是中山服领子结构图,请标出主要制图数据。

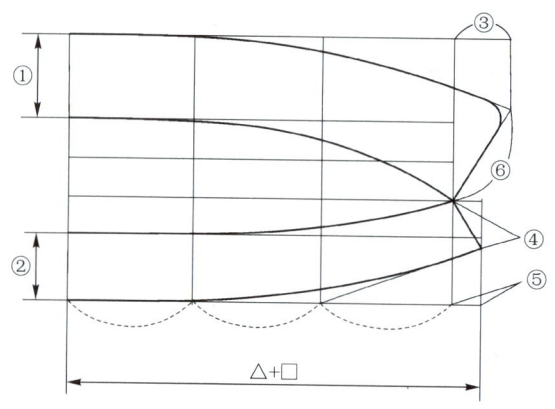

① _____

② _____

③ _____

④ _____

⑤ _____

⑥ _____

四、问答题

1. 中山服大袋盖周围为什么略呈外弧形?

2. 为什么中山服大小袋袋角在袖窿一端要起翘?且袋底为什么要比袋口大?

3. 呢、布中山服在制图时有哪些差别?

4. 中山服底领领头为什么要起翘?

5. 为什么中山服翻领领头翘势及领长比底领大?

五、绘图题

制图规格:

单位:cm

号型	部位	衣长	胸围	领围	肩宽	袖长	前腰节长
170/88A	规格	75	108	41	45	60	42.5

要求:

1. 按1:5比例画出中山服前后衣片、袖片和领子的缩比结构图。

2. 图面整洁,图线清晰、分明、流畅,标注完整。

第二节　中山服款式变化练习题

一、填空题

1. 中山服款式变化主要是在_____不变的前提下，做一些局部的变化，如_____、_____、_____等处的变化；主要的款式变化有_____、_____。
2. 军便服与中山服的不同点主要表现在_____衣片上，军便服口袋为_____，袋盖_____，_____袖衩。
3. 学生服的款式特征为_____领，_____袋，其中胸袋与_____袋相同，大袋盖不开_____，袖口处_____袖衩。

二、简答题

1. 简述中山服与军便服的不同点。
2. 简述中山服与学生服的不同点。

三、绘图题

（一）军便服

制图规格：　　　　　　　　　　　　　　　　　　　　　　　　　单位：cm

号型	部位	衣长	胸围	领围	肩宽	袖长	前腰节长
170/88A	规格	75	108	41	45	60	42.5

要求：

1. 按1∶5比例画出军便服前后衣片缩比结构图。
2. 图面整洁，图线清晰、分明、流畅，标注完整。

（二）学生服

制图规格：　　　　　　　　　　　　　　　　　　　　　　　　　单位：cm

号型	部位	衣长	胸围	领围	肩宽	袖长	前腰节长
170/88A	规格	75	108	41	45	60	42.5

要求：

1. 按1∶5比例画出学生服前后衣片及领子的缩比结构图。
2. 图面整洁，图线清晰、分明、流畅，标注完整。

第十章 特殊体型结构制图

第一节 特殊体型西裤结构制图练习题

一、填空题

1. 正常体型一般是指身体发育正常，_____；特殊体型是指_____，_____的各种体型。

2. 与裤子结构制图有关的特殊体型主要有_____、_____、_____、_____、_____五种。

3. 一般服装结构制图的计算公式都是以_____为标准的，对非正常体型需在_____基础上加以修正，常用的方法是_____法，其步骤是首先是把_____作为基图，然后，以此为据，结合特殊体型的变化，作相应的变更。

4. 凸肚体型的特征是腹部凸出，_____，腰部中心轴向后倒。穿上正常西裤会产生_____、_____、_____的现象。

5. 平臀体型的特征是_____，穿上正常西裤会出现_____的现象。

6. 凸臀体型的特征是_____，_____，穿上正常体型西裤会出现_____、_____的现象。

7. 两膝外弯，两脚内偏这种体型称为_____，穿上正常西裤会出现_____、_____、_____等现象。

二、选择题（把正确的答案填写在题后的括号内）

1. 做凸肚体的裤子，应加量（   ）。
   A. 腹围与前裆缝　　　　　　　　B. 腹围与臀围
   C. 腹围与直裆　　　　　　　　　D. 腹围与大腿围

2. 修正凸臀体纸型，应注意（   ）。
   A. 减短后缝斜线　　　　　　　　B. 后省量减小
   C. 后裆宽放宽　　　　　　　　　D. 减小前窿门

3. 做平臀体的裤子，应注意（   ）。
   A. 后省量适量增加　　　　　　　B. 后裆斜线减短
   C. 抬高后翘　　　　　　　　　　D. 加大后裆宽

4. O型腿烫迹线方向应（   ）。
   A. 不改变位置　　　　　　　　　B. 自然偏向下裆方向

C. 归正丝绺   D. 自然偏向侧缝方向

5. X 型腿下裆缝应(   )。

A. 适当延长,并向外移   B. 不改变位置

C. 适当减短并向外移   D. 归正丝绺

6. O 型腿基图剪开位在(   )。

A. 中裆线   B. 臀围线   C. 横裆线   D. 烫迹线

三、判断题(在下列叙述中你认为正确的在括号内画"√",错误的画"×")

1. 所谓非正常体型就是指有残疾的体型。   (   )
2. 一般凸肚体可分为高位凸肚体和低位凸肚体两种,高位凸肚体男性较多。   (   )
3. X 型腿和 O 型腿体型一般只需对裤片中裆以下部位进行相应修正。   (   )
4. X 型腿前后裤片在下裆缝中裆处应剪开,侧缝处折叠,而 O 型腿与此相反。   (   )
5. 做平臀体西裤,一般只需对后裤片进行相应修正。   (   )
6. 对于凸臀体型的西裤,必须减小后裆缝倾斜度。   (   )

四、看图回答问题

下图实线为某一特殊体型裤片修正图,请问下图属于什么特殊体型?并对修正方法进行说明。

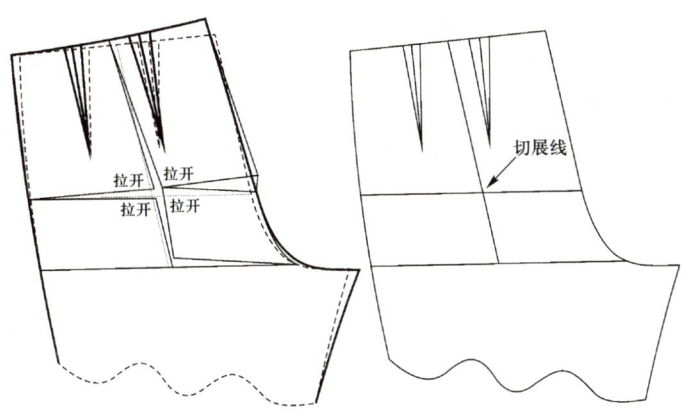

五、用图示说明凸肚体型裤片的修正方法

第二节　特殊体型上衣结构制图练习题

一、填空题

1. 特殊体型上衣主要有_____、_____、_____、_____、_____五种。
2. 挺胸体体型特征是胸部_____,后背_____,头部_____,前胸_____,后背_____。

3. 挺胸体体型穿上正常体型服装会产生前胸绷紧,前衣片_____,后衣片_____,止口_____等现象。

4. 驼背体体型特征是背部_____,头部_____,前胸_____等。

5. 驼背体体型穿上正常体型服装会出现前衣片_____,后衣片_____,后片_____等现象。

6. 平肩体体型是指肩斜度比正常体_____,肩部呈_____字形,穿上正常体型的服装肩部_____,止口_____。

7. 溜肩体体型是指肩斜度比正常体_____,两肩塌呈_____字形,穿上正常体型的服装,两肩部位出现_____,_____现象。

8. 高低肩体体型特征是指左右两肩_____,一肩正常,另一肩则_____,穿上正常体型的服装,低肩的下部出现_____现象。

二、判断题(在下列叙述中,你认为正确的打"√",错误的打"×")

1. 挺胸体只需对前衣片进行修正。( )
2. 驼背体只需对后衣片进行修正。( )
3. 平胸体型和溜肩体型只需对前后肩斜和袖窿深进行修正。( )
4. 溜肩体型穿上正常体服装会产生搅止口现象。( )
5. 高低肩是指两肩斜度不一致的体型。( )
6. 对于挺胸体型上衣,制图时前胸应加宽,后背应减窄,后袖山弧线加胖。( )
7. 驼背体与挺胸体体型特征相反,所以制图时的修正方法与挺胸体相反。( )
8. 平肩体肩斜度应改小,但袖窿深不需改变。( )
9. 溜肩体的修正方法与平肩体正好相反。( )
10. 特殊体型制图需在正常体基础上进行修正,但具体修正数值总是确定不变的。( )

三、作图并修图

作出驼背体体型的修正图,同时加以说明。

第三节 服装弊病分析及处理方法练习题

一、填空题

1. 造成服装弊病的原因主要有_____和_____两方面的因素。

2. 后缝腰口出现横涟现象产生的原因是_____,后省量_____,腰臀之间侧缝_____。

3. 裤子夹裆产生的原因是后窿门_____,上裆_____,后窿门_____。

4. 后裆下垂产生的原因是前上裆_____,后裆缝_____,后翘_____。

5. 裤子穿上后若出现后臀绷紧,前臀太宽的现象,其主要原因是前片_____,后片_____,前片_____,后缝_____,后省太小。

6. 裤子穿上后若出现烫迹线由上至下向外歪斜,俗称_____的现象。其主要原因是侧缝线_____,横裆以下部位的前后侧缝_____。

7. 上装出现搅止口现象是由于劈门不够,横开领_____,衣领_____,后衣片_____等原因造成。

8. 爬领现象是指后翻领上升,后领脚外露,其产生的原因是衣领_____,驳领斜度不够,前领_____。领脚凹势不够。

9. 驳头外口松现象产生的原因是驳口线距领肩点_____,驳领_____,前领_____,前后小肩_____。

二、解释术语

1. 夹裆
2. 后裆下垂
3. 搅止口
4. 荡领

三、判断题（在下列叙述中,你认为正确的在括号内画"√",错误的画"×"）

1. 上装病例中爬领和荡领是同一种弊病,因而其修正方法也相同。（　　）
2. 服装弊病产生的原因虽然很多,但可归结为结构制图和工艺两方面因素。（　　）
3. 对上衣后领起涌的弊病,总是要同时对后直开领、后肩宽及后肩斜度进行修正。（　　）
4. 对于裤子夹裆的弊病,下列修正方法是否正确：
① 增加后窿门宽度和后窿门凹势。（　　）
② 增大后臀围,增加后省量。（　　）
③ 增加上裆长度。（　　）
④ 增加后裆斜度,加大后翘高。（　　）
5. 对于裤子后臀绷紧,前臀太宽的弊病,下列修正方法是否正确：
① 前片臀围改小,后片臀围放大。（　　）
② 上裆加长,后翘降低。（　　）
③ 前片褶裥增大。（　　）
④ 后缝倾斜度增大,后省量增大。（　　）
6. 对于上衣搅止口的弊病,下列哪些修正方法是正确的？
① 增加撇门。（　　）
② 减小前横开领和小肩宽。（　　）
③ 增加前横开领和小肩宽。（　　）
④ 前袖窿应略开深,后摆缝应减短。（　　）
⑤ 只需把领子加大即可。（　　）

四、看图回答问题

下列 A、B、C、D 图各是对何种服装弊病的修正。

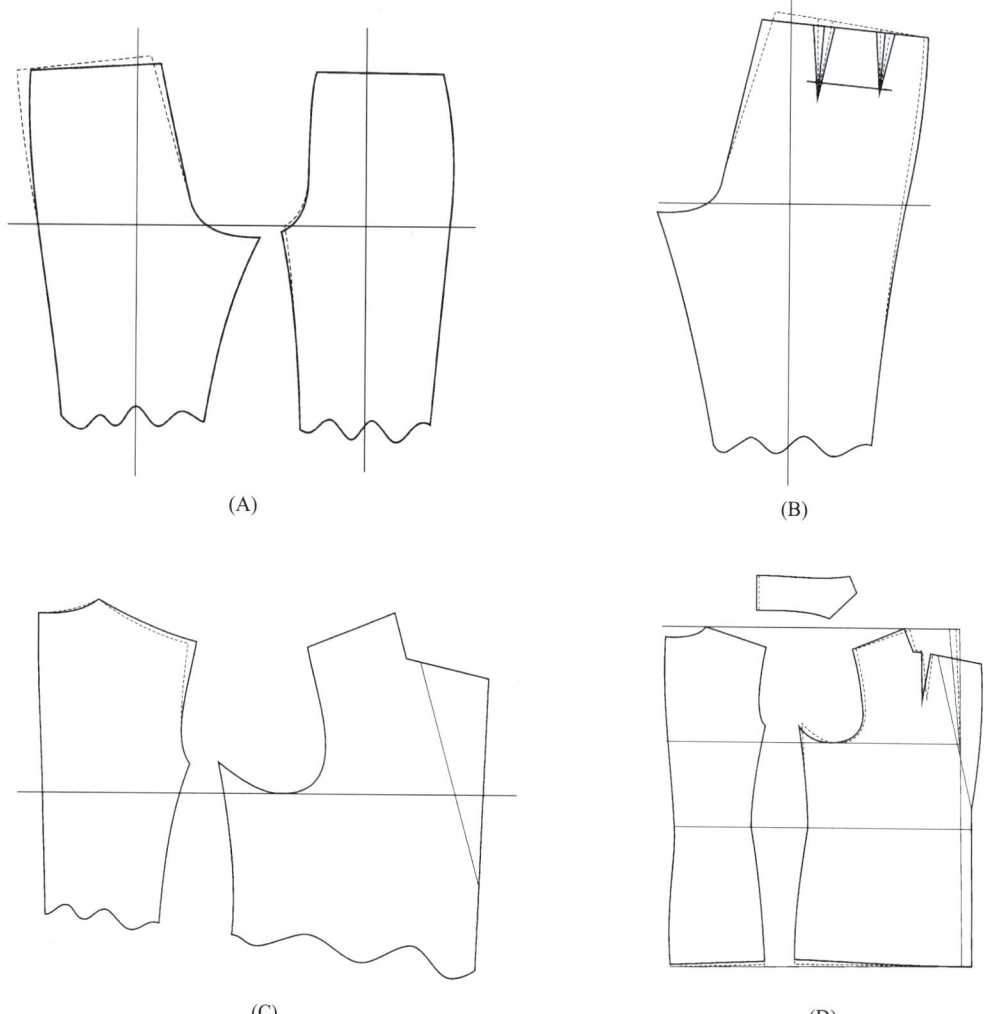

五、简答题

1. 试述后臀围绷紧、前臀太宽的修正方法。
2. 试述西服驳头外口松的修正方法。

第十一章 大衣结构制图

第一节 女大衣练习题

一、填空题

1. 根据大衣长度的不同,一般可分为三种款式,即长大衣,其长度一般在_____;中长大衣,其长度一般在_____;短大衣,其长度应在_____上下。
2. 女大衣撇胸为_____ cm,后肩斜比值为_____,前胸宽计算公式为_____,后背宽计算公式为_____。
3. 女大衣前横开领计算公式为_____,后横开领计算公式为_____,前片下摆放出量_____ cm,后片下摆放出量_____ cm。
4. 女大衣明贴袋位置在腰节线下_____,袋口大计算公式为_____,袋长计算公式为_____。
5. 女大衣搭门宽为_____ cm,前肩宽计算公式为_____,后肩宽计算公式为_____。

二、判断题(在下列叙述中,你认为正确的在括号内画"√",错误的画"×")

1. 驳领女大衣,其第一粒扣必须定在胸围线下 5 cm,否则就是错误的。　　　　　(　　)
2. 女大衣款式变化虽然很多,但就总体造型而言,主要是箱型、X 型和 A 型。　　(　　)
3. 女大衣袖山弧线的画法与女西服是相同的。　　　　　　　　　　　　　　　　(　　)
4. 女大衣和女西服袖子结构中都存在后偏袖,但后偏袖的形式是不同的。　　　　(　　)
5. 女大衣驳头宽必须是 9 cm。　　　　　　　　　　　　　　　　　　　　　　　(　　)
6. 女大衣胸围放松量大小主要受穿着层次的影响。　　　　　　　　　　　　　　(　　)
7. 女大衣袋口的确定方法与女西服是相同的。　　　　　　　　　　　　　　　　(　　)
8. 正常情况下,上衣类服装摆缝线与底边线相交必须呈直角。　　　　　　　　　(　　)

三、选择题(把正确的答案填写在题后的括号内)

1. 女大衣方领圈中,将竖直方向的领圈线画成略带弧形的原因是(　　　)。
  A. 画成微弧线能使领围更美观
  B. 因为领子底口线是弧形的
  C. 有利于前后领圈的圆顺连接
2. 女大衣叠门宽度比西服大,其原因是(　　　)。
  A. 大衣胸围比女西服大,所以叠门也大
  B. 大衣纽扣直径比西服大,所以叠门应加宽
  C. 大衣比较长,叠门宽一些使比例协调

3. 大衣的袖山斜线为 AH/2+0.6 cm,西服的袖山斜线则是 AH/2+0.3 cm,两者不同的根本原因是(　　)。
  A. 大衣胸围放松量比西服大
  B. 大衣袖肥大于西服袖肥
  C. 大衣袖山吃势大于西服
4. 上装类除特殊需要外,底边与摆缝应呈 90°,其原因是(　　)。
  A. 只有保持直角,才能使前后摆缝一样长
  B. 为了能使底边线画成弧线形
  C. 只有保持直角,才能使前后摆缝缝合后底边处光滑圆顺
5. 女大衣袖窿深比女西服大的原因是(　　)。
  A. 女大衣袖肥比女西服大
  B. 女大衣穿着层次比女西服大
  C. 女大衣面料较厚,袖山吃势比女西服大

四、简答题

试述方角形领圈中,前领圈竖直方向的领圈线处理成弧线的原因。

五、绘图题

制图规格:　　　　　　　　　　　　　　　　　　　　　　　　　　　　　　单位:cm

号型	部位	衣长	胸围	领围	肩宽	袖长	前腰节长
165/84A	规格	86	106	41	43	56	41

要求:
1. 按 1∶5 比例绘制蟹钳式翻驳领女大衣结构图。
2. 图面整洁,图线清晰、分明、流畅,标准完整。

第二节　男大衣练习题

一、填空题

1. 男大衣的外形是以_____为主,造型平整简洁,能较好地体现男性阳刚之气。
2. 男大衣根据穿着层次不同,胸围放松量一般可控制在_____cm 之间。
3. 男大衣后片小肩宽比前衣片长_____cm,后衣片上平线比前衣片高出_____cm,后直开领为_____cm。
4. 男单排扣大衣叠门宽为_____cm,驳口点位置是_____,撇门大为_____cm。
5. 男大衣袖窿深计算公式是_____,前肩宽计算公式是_____,应从_____量出。
6. 男大衣前胸宽计算公式是_____,后背宽计算公式是_____,前偏袖大为_____cm。

二、判断题（在下列叙述中你认为正确的在括号内画"√"，错误的画"×"）

1. 所有男大衣背衩的长度都必须为 40 cm。（   ）
2. 男大衣穿着层次较西服多，所以袖肥应比西服大。（   ）
3. 袖窿弧线与袖山弧线是相互配合的关系，但前者受后者的制约。（   ）
4. 对于袖山吃势下列说法正确的是：
① 袖山吃势大小仅受袖窿弧线长的影响，袖窿弧线长一旦确定，袖山吃势就确定了。（   ）
② 袖子的装配形式对袖山吃势没有影响。（   ）
③ 面料的质地性能不同，袖山吃势也应有所不同。（   ）
④ 袖山斜线倾角大小不同，也影响袖山吃势。（   ）

三、问答题

1. 袖山弧线为什么要有吃势？
2. 袖山吃势大小与哪几个因素有关？

四、绘图题

制图规格：

单位：cm

号型	部位	衣长	胸围	领围	肩宽	袖长	前腰节长
170/88A	规格	110	113	44	48	62	43

要求：
1. 按 1：5 比例绘制平驳头西服领男大衣结构图。
2. 图面整洁，图线清晰、分明、流畅，标准完整。

第三节 大衣款式变化练习题

一、填空题

1. 双排扣、青果领女大衣的叠门宽度为_____，前直开领的计算公式是_____，前横开领的计算公式是_____。
2. 女大衣款式（Ⅰ）前后片均采用_____分割，前片分割缝的定位方法是从_____向下作直线，在分割缝中包含有_____省和_____省。
3. 女大衣款式（Ⅰ）后衣片分割缝定位方法是从_____向下画直线，分割缝中包含有_____省，并通过此省使_____收小，_____放大。
4. 女大衣款式（Ⅰ）基本袖窿深的计算公式是_____，实际制图时根据插肩袖款式需再开深_____，利用公式_____得出的前胸围大点，由于受胸省的影响还需利用_____的方法进行移位。
5. 女大衣款式（Ⅰ）口袋设在_____中，袋口大的计算公式是_____。
6. 在套肩袖服装制图中，小肩线与袖中线若有夹角，一般应作_____处理，使之适应臂顶端形状，若前片袖中线的倾角为 15：10，则后中线倾角应为_____，且后中线也可处理成后衣袖略长_____。

7. 女大衣款式变化(Ⅱ)领型为_____翻驳领。前片肩线_____,后片上部_____,袖型为两边设_____,与前后分割线连成一体,袖口翻边。

8. 女大衣款式变化(Ⅱ)前直开领的计算公式是_____,横开领的计算公式是_____,末眼位在腰节线下_____。

9. 女大衣款式变化(Ⅱ)袋位高低距腰节线下_____,袋口大的计算公式是_____,袖斜线的计算公式是_____。

10. 小方领男式大衣前撇门大为_____cm,前直开领的计算公式是_____,横开领的计算公式是_____。

11. 小方领男式大衣斜插袋袋口大是_____,袋盖宽_____。

二、判断题(在下列叙述中,你认为正确的在括号内画"√",错误的画"×")

1. 对于套肩袖服装,下列叙述正确的是:
① 由于衣片与袖子组装部位不在肩端处,所以袖山不需放任何吃势。( )
② 前后袖窿弧线转折点以上部位的形状,可按设计要求或实际需要进行改变。( )
③ 袖山弧线与袖窿弧线在转折点以上部位是完全吻合的。( )
④ 袖山深与袖中线的斜度没有关系。( )
⑤ 其他条件不变时,袖中线斜度不同,袖山深也不同。( )
⑥ 袖中线斜度与袖山深成反比。( )
⑦ 肩端点位置只受总肩宽和肩斜度影响。( )
⑧ 肩端点与袖中线斜度有关,斜度越大,肩端点移出越多。( )

2. 青果领领面与挂面相连,领外口弧线与驳头弧线应圆顺连接。( )

3. 男大衣变化主要表现在局部,总体造型一般不变,多为箱型。( )

4. 女大衣的变化非常丰富,但无论怎样变化,服装的总体造型是不变的。( )

5. 套肩袖袖肥大小受袖中线斜度影响,斜度越大,袖肥越小。( )

6. 小方领男式大衣领子制图中叙述正确的是:
① 领座线与领头线交角必须是90°。( )
② 领头宽必须是11 cm。( )
③ 绱领点位置必须是撇门点。( )

三、选择题(把正确的答案填写在括号内)

1. 男大衣后衣片上平线比前衣片高出约3 cm,女大衣前后衣片上平线基本平齐,两者不同的根本原因是( )。
   A. 男女大衣长度不同
   B. 男女大衣基本造型不同
   C. 男女大衣适体程度不同
   D. 男女前后腰节差数不同

2. 套肩袖服装,前后袖中线的长度是( )。
   A. 前略大于后
   B. 后略大于前

第三节 大衣款式变化练习题

C. 两者相等

3. 套肩袖服装,肩端点位置一般总要在正常肩端点基础上移出一些,移出多少主要与( )。
A. 袖中线倾角大小有关,倾角越大移出越多
B. 袖窿深浅有关,袖窿越深,移出越多
C. 人体实际肩宽有关,肩越宽,移出越多

4. 套肩袖服装,肩端点应作圆弧处理,主要因为( )。
A. 圆弧形较美观
B. 为了和人体手臂顶端形态相吻合
C. 不这样处理,会影响袖子与衣身的配合关系

5. 套肩袖服装,袖窿弧线转折点以上部位,衣身与袖子的( )。
A. 连通方式不同,将影响服装的适体程度
B. 连通方式决定于袖中线倾角的大小
C. 只能按固定不变的方式连通
D. 可根据设计要求进行自由连通

6. 对于适体型服装,前后袖窿弧线在肩端点的切线与小肩线的夹角是( )。
A. 前后只要互为补角就是正确的
B. 后片夹角略大于90°,且前后夹角应互补
C. 前后一定要相等

四、问答题

1. 简述套肩袖袖中线斜度是如何确定的。
2. 试述前后肩缝夹角保持在什么角度最为恰当,为什么?

五、绘图题

制图规格: 单位:cm

号型	部位	衣长	胸围	领围	肩宽	袖长	前腰节长
160/84A	规格	100	106	40	42	58	41

要求:
1. 按1:5比例绘制青果式翻驳领插肩袖女大衣结构图。
2. 图面整洁,图线清晰、分明、流畅,标注完整。

第十二章 童装结构制图

第一节 男童装练习题

一、填空题

1. 儿童服装依据儿童成长过程,可分为_____、_____、_____。
2. 海军领男童装套装的款式特征是上装为_____领,前片中间_____,钉纽_____,左胸_____一个,装领护胸、领带,袖口、袋口、领外围均设_____。
3. 海军领男童装的下装为_____,_____全橡皮筋,两根橡皮筋绲_____,裤脚口_____。
4. 在男童装的测量中,因儿童处于生长发育期,又活泼好动,故胸围的放松量_____,_____。
5. 海军领配领时应先将前后衣片肩部叠透_____ cm,前领深处按搭门线偏进_____ cm,后领角按背宽偏进_____ cm。
6. 男童装短裤后裆斜度的比值是_____。
7. 男童装短裤前后裆宽的制图公式分别是_____、_____。

二、判断题(在下列叙述中,你认为正确的在括号内画"√",错误的画"×")

1. 男童装前、后横开领的制图公式均为 N/5。 (   )
2. 男童装前横开领、直开领的制图公式均为 N/5。 (   )
3. 男童装前袖窿深的制图公式为 B/6+1 cm。 (   )
4. 男童装后袖窿深比前袖窿深小。 (   )
5. 男童装前胸宽的制图公式为 B/6+1 cm。 (   )
6. 男童装后背宽的制图公式为 B/6+1.9 cm。 (   )
7. 男童装后小肩线比前小肩线长。 (   )
8. 男童装后直开领定数为 1.5 cm。 (   )
9. 儿童时期是指从出生起一直到中学毕业的一段时期。 (   )
10. 童装结构制图时,只需要将成人服装的尺寸规格进行简单缩小就可以了。 (   )

三、选择题(把你认为正确的答案填写在括号内)

1. 男童装前肩斜度是以(   )的比值来确定的。
   A. 15∶5   B. 15∶4   C. 15∶6
2. 男童装后肩斜度是以(   )的比值来确定的。
   A. 15∶5   B. 15∶3   C. 15∶4

3. 男童装前肩宽的计算公式是(　　)。
   A. S/2-0.7 cm　　　　　　B. S/2-0.3 cm　　　　　　C. S/2-0.5 cm
4. 男童装袖肥的计算公式是(　　)。
   A. B/5　　　　　　　　　B. B/5+0.5 cm　　　　　　C. B/5-0.5 cm
5. AH 在制图中表示(　　)。
   A. 前袖窿弧线　　　　　　B. 后袖窿弧线　　　　　　C. 袖窿弧线总长
6. 男童装袖山斜线长的计算公式是(　　)。
   A. AH/2+0.3 cm　　　　　B. AH/2-0.3 cm　　　　　C. AH/2
7. 男童装上装口袋的袋口大的计算公式是(　　)。
   A. 0.05B+2 cm　　　　　B. 0.05B+3 cm　　　　　C. 0.05B+4 cm
8. 男童装上装后上平线与前上平线的关系是(　　)。
   A. 后衣片比前衣片长 0.7 cm　　B. 后衣片比前衣片短 0.7 cm　　C. 后衣片与前衣片平齐
9. 男童装上装搭门宽度是(　　)。
   A. 1 cm　　　　　　　　B. 1.5 cm　　　　　　　　C. 2 cm
10. 男童装袖中线的定位方法是(　　)。
    A. 袖肥的 1/2 处　　　　　B. 袖肥的 1/2 偏前 0.3 cm　　C. 袖肥的 1/2 偏后 0.3 cm

四、简答题

1. 海军领配领时,前后小肩为什么要叠透?
2. 海军领男童装侧缝线与底边线呈直角,底边为什么还要起翘?
3. 儿童服装的裁制应注意哪些问题?

五、绘图题

制图规格：　　　　　　　　　　　　　　　　　　　　　　　　　　　　　　单位:cm

号型	部位	裤长	上裆	臀围	脚口
100/50	规格	27.5	22.5	66.6	19

要求：

1. 按 1∶5 比例绘制男童装短裤结构图。
2. 图面整洁,图线清晰、流畅,标注完整。

第二节　女童装练习题

一、填空题

1. 女童装连衣裙款式特征是:无领型圆领,前片上部_____,后片上部_____,分割线处装饰_____,前后腰节处各收_____两个,腰部装腰带,袖型为_____,裙子为三片_____,后中装_____。
2. 女童装连衣裙量体的部位有 _____、_____、_____、_____、_____、

_____、_____。

3. 女童装连衣裙前后肩斜的比值分别是_____、_____。
4. 女童装连衣裙前胸宽、后背宽的计算公式分别是_____，_____。
5. 女童装连衣裙前横开领计算公式是_____，后横开领计算公式是_____。
6. 女童装斜裙腰口斜度比值是_____，裙腰口计算公式是_____。
7. 女童装连衣裙袖窿深的计算公式是_____。

二、判断题（在下列叙述中，你认为正确的在括号内画"√"，错误的画"×"）

1. 女童装前直开领的计算公式是 N/5+0.3 cm。（ ）
2. 女童装后小肩线的长度是按前小肩线的长度减 0.5 cm。（ ）
3. 女童装后直开领定数为 1.7 cm。（ ）
4. 女童装前腰节省的省尖距离胸围线 5 cm。（ ）
5. 女童装泡泡袖的结构制图是在平袖结构制图的基础上将袖山展宽 7.5 cm。（ ）

三、选择题（把你认为正确的答案填写在括号内）

1. 女童装连衣裙袖肥为 B/5，当袖肥变为 B/5+1 cm 时，袖山深也随着（ ）。
   A. 增大　　　　　　　　B. 减小　　　　　　　　C. 不变
2. 当女童装上衣前小肩线为 X 时，它的后小肩线应为（ ）。
   A. $X+0.3$ cm　　　　　B. $X+0.5$ cm　　　　　C. $X-0.3$ cm
3. 女童装前肩宽的计算公式是（ ）。
   A. S/2　　　　　　　　B. S/2−0.3 cm　　　　　C. S/2−0.7 cm
4. 女童装后胸围大的计算公式是（ ）。
   A. B/4　　　　　　　　B. B/4−0.5 cm　　　　　C. B/4+0.5 cm
5. 斜裙的裙摆大小与裙腰翘势的关系是（ ）。
   A. 裙摆越大，裙腰翘势越小
   B. 裙摆越大，裙腰翘势越大
   C. 裙摆越小，裙腰翘势越大

四、简答题

简述女童装连衣裙肩宽减窄的原因。

五、绘图题：

制图规格：　　　　　　　　　　　　　　　　　　　　　　　　　　　　　　单位：cm

号型	部位	衣裙长	胸围	肩宽	领围	前腰节长	腰围
135/60	规格	74	74	29.5	29.5	34	66

要求：

1. 按 1∶5 比例绘制女童装连衣裙前后衣片结构图。
2. 图面整洁，图线清晰、流畅，标注完整。

第三节　童装款式变化练习题

一、填空题

1. 男童装外衣的款式特点是领型为_____,前中开襟钉纽 4 粒,前后片_____,前片左右胸_____各 1 个,左右装袋盖贴袋各 1 个,后片横分割线下_____,袖型为_____,领、袋、门襟止口、育克_____。
2. 女童装大衣的款式特点是领型为_____,前中开襟钉纽_____,前片收_____,左右_____各一个,后中开_____,袖型为一片式_____圆装袖,_____、_____、_____均镶异色料。
3. 衣片分割方法很多,但一般分割线条都要通过_____、_____和_____这三个主要部位。
4. 女童装大衣袖窿深的计算公式是_____,前胸宽的计算公式是_____,后背宽的计算公式是_____。
5. _____是在衣片上有结构线条,但不开断衣片的一种装饰线条。
6. 翻驳领男童装前横开领宽的计算公式是_____,后横开领的计算公式是_____。
7. 分割衣片的方法很多,主要有_____、_____、_____、_____,还有假分割。
8. 童装的变化主要表现在_____上,它与_____的不同之处在于童装的款式变化首先要考虑各个不同生长时期的_____,然后以此为_____进行款式变化。

二、判断题(在下列叙述中,你认为正确的在括号内画"√",错误的画"×")

1. 男童装外衣前胸宽的计算公式是 $B/6+1.5$ cm。　　　　　　　　　　　　　　(　　)
2. 男童装外衣胸袋袋口大的计算公式是 $0.05B+4$ cm。　　　　　　　　　　　(　　)
3. 男童装外衣后腰节比前腰节长。　　　　　　　　　　　　　　　　　　　　(　　)
4. 当男童装开刀分割出现袖窿省时,省大为△,它的落肩也同时抬高△。　　　(　　)
5. 男童装外衣后小肩线比前小肩线长 0.5 cm。　　　　　　　　　　　　　　　(　　)
6. 男童装外衣前肩宽的计算公式是 $S/2-0.5$ cm。　　　　　　　　　　　　　(　　)
7. 青果领女童装大衣明贴袋的袋口大的计算公式是 $B/10+4$ cm。　　　　　　(　　)
8. 童装后直开领深的控制数值一般在 1.3~1.7 cm 之间,随着衣服层次的增加,直开领领深会变小。　　　　　　　　　　　　　　　　　　　　　　　　　　　　　　　(　　)

三、选择题(把你认为正确的答案填写在括号内)

1. 男童装后肩斜度的比值是(　　)。
   A. 15∶6　　　　　　　　B. 15∶5　　　　　　　　C. 15∶4
2. 青果领女童装大衣袖肘线的定位方法是由上平线向下量(　　)。
   A. 1/3 号　　　　　　　B. 1/4 号　　　　　　　C. 1/5 号
3. 男童装外衣后背宽要比前胸宽大(　　)。
   A. 0.5 cm　　　　　　　B. 0.7 cm　　　　　　　C. 1 cm
4. 青果领的衣领松斜度的比值是(　　)。

A. $h+h_0:2(h-h_0)$ B. $h-h_0:2(h-h_0)$ C. $h+h_0:2(h+h_0)$

5. 翻驳领男童装上装胸袋袋长的计算公式是（　　）。

A. 袋口大+1.2 cm B. 袋口大-1.2 cm C. 袋口大×1.2 cm

四、填图题

按所示部位标出数据或公式。

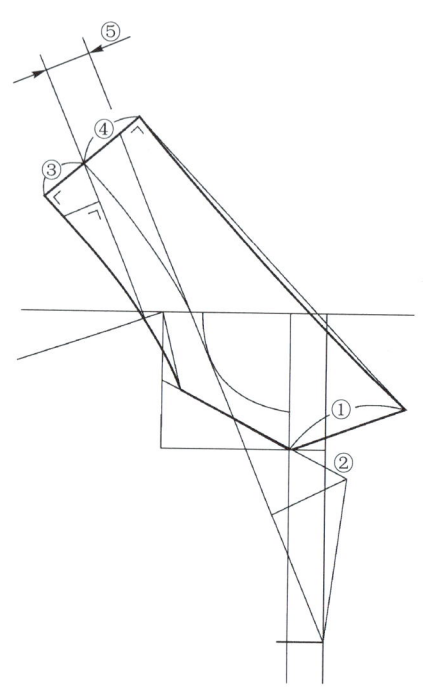

① _____

② _____

③ _____

④ _____

⑤ _____

五、简答题

1. 童装常采用哪几种形态的线条分割衣片？分割线的功能有哪些？
2. 简述儿童冬装后领深比夏装后领深开深的原因。
3. 简述青果领与一般驳领的不同点。

六、绘图题

制图规格：

单位:cm

号型	部位	衣长	胸围	肩宽	领围	前腰节长	翻领宽	底领宽
140/64	规格	64	88	36	34	35.5	6	3

要求：

1. 按1:5比例绘制青果领女童装大衣前衣片及领片的结构图。
2. 图面整洁,图线清晰、流畅,标注完整。

第十三章　中式服装结构制图

第一节　男式对襟暗门襟罩衫练习题

一、填空题

1. 中式服装通常在结构制图前先将衣料的幅宽_____，然后再长短对折，上面两层略_____，在此基础上制图。
2. 男式对襟暗门襟罩衫的款式特征是领型为_____，前领口一副_____，前中暗门襟，钉_____粒纽扣，侧缝_____袋，开摆衩，后中设_____，袖型为_____无肩缝。
3. 中式服装是中华民族传统的服装，它是由_____构成，上衣的_____和_____连在一起，唯独_____是分割组合的，裤子_____，上下装均无_____。
4. 中式服装一般分_____和_____两种款式。

二、解释术语

1. 出手
2. 挂肩

三、判断题（在下列叙述中，你认为正确的在括号内画"√"，错误的画"×"）

1. 男式对襟罩衫领在制图中领长公式是 N/2+1 cm。　　　　　　　　　　　　（　　）
2. 装袖罩衫一般属于西式服装。　　　　　　　　　　　　　　　　　　　　（　　）
3. 男式对襟罩衫挂肩线与背中线是相互垂直的关系。　　　　　　　　　　　（　　）
4. 男式对襟罩衫前胸围大计算公式是 B/4。　　　　　　　　　　　　　　　（　　）
5. 男式对襟罩衫在测量出手时，是根据棉袄的尺码放长 3~4 cm。　　　　　（　　）

四、选择题（把你认为正确的答案填写在括号内）

1. 男式对襟暗门襟罩衫的前直开领计算公式是（　　　）。
   A. N/5+1 cm　　　　　　B. N/5+2 cm　　　　　　C. N/5
2. 男式对襟暗门襟罩衫的横开领计算公式是（　　　）。
   A. N/5+1 cm　　　　　　B. N/5+2 cm　　　　　　C. N/5−1 cm
3. 男式对襟暗门襟罩衫的挂肩大的计算公式是（　　　）。
   A. B/5+4 cm　　　　　　B. B/5+2 cm　　　　　　C. B/5
4. 男式对襟暗门襟罩衫在测量衣长时是根据棉袄的长度加放（　　　）。
   A. 1.5 cm　　　　　　　B. 2 cm　　　　　　　　C. 2.5 cm
5. 男式对襟暗门襟罩衫在测量领围时是根据棉袄的尺码放大（　　　）。
   A. 1 cm　　　　　　　　B. 1.5 cm　　　　　　　C. 2 cm

五、填图题

按所示部位标出数据或计算公式。

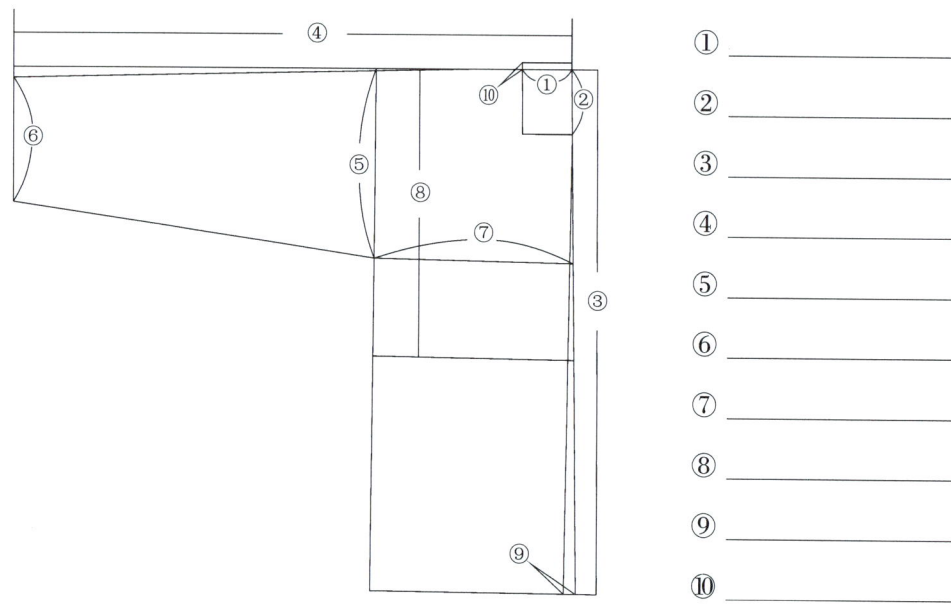

① _____
② _____
③ _____
④ _____
⑤ _____
⑥ _____
⑦ _____
⑧ _____
⑨ _____
⑩ _____

六、简答题

中式服装与西式服装在结构上的主要差异有哪些？

七、绘图题

制图规格：
单位：cm

号型	部位	衣长	胸围	领围	出手	摆围	前腰节长	袖口
165/88A	规格	76	117	42	83	129	42	18.5

要求：

1. 按 1∶5 比例绘制男式对襟暗门襟罩衫结构图。
2. 图面整洁，图线清晰、流畅，标注完整。

第二节　女式偏襟罩衫练习题

一、填空题

1. 女式偏襟罩衫的款式特征是领型为_____，偏襟，6 副_____，侧缝直插袋，开_____，袖型为_____无肩缝。
2. 女式偏襟罩衫的挖襟步骤是_____、_____、_____、_____。

3. 女式偏襟罩衫在测量胸围时是根据棉袄的尺码放大____ cm。

二、解释术语
1. 挖襟
2. 盖襟

三、判断题（在下列叙述中，你认为正确的在括号内画"√"，错误的画"×"）
1. 在定襟位过程中，襟位距前中线的距离为 B/4，距肩线的距离为 B/5+5 cm。（　　）
2. 偏襟是大襟按原来的对折线偏移 0.7 cm。（　　）
3. 拔襟时应在肩线 1/3 多前领深处作长约 4.5 cm 的直线垂直于前中线，并沿线双层剪开。（　　）
4. 拔襟时按开口在大襟处拔开 0.7 cm，在小襟处折叠 0.7 cm 左右。（　　）
5. 扎襟时通过拔襟使大小襟进一步叠合，然后再将后衣片按原对折线偏移 1.5 cm，将大小襟叠合部分固定。（　　）

四、填图题
按所示部位标出女式偏襟中式罩衫有关数据和计算公式。

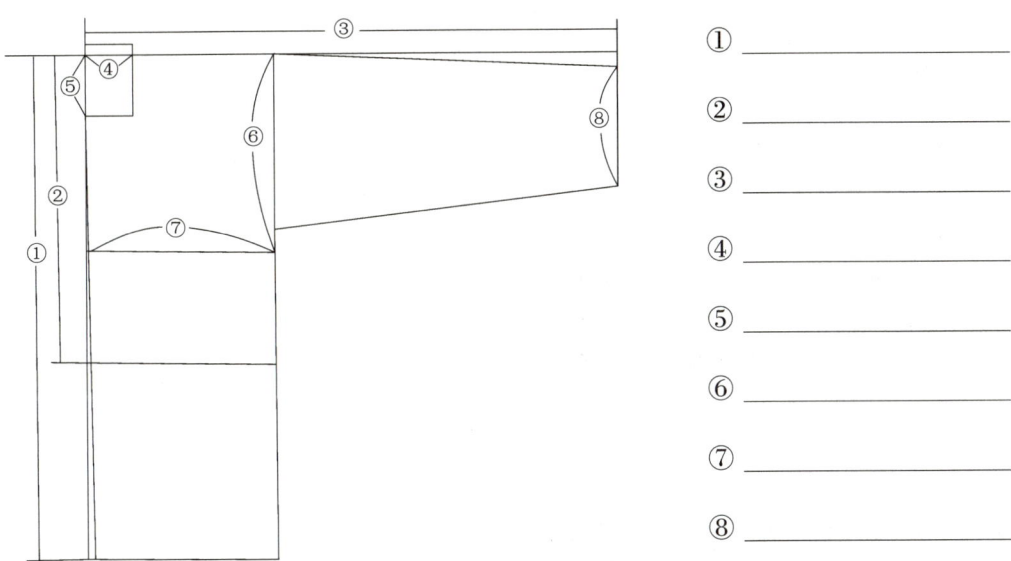

① _____
② _____
③ _____
④ _____
⑤ _____
⑥ _____
⑦ _____
⑧ _____

五、简答题
1. 女式偏襟中式罩衫制图时先要解决什么问题？其采用的工艺手段的原理是什么？
2. 简述挖襟的步骤和方法。

六、绘图题

制图规格：　　　　　　　　　　　　　　　　　　　　　　　　　　　　　　　　　　　　单位：cm

号型	部位	衣长	胸围	腰围	领围	出手	前腰节长	袖口
160/84A	规格	66	100	90	36	71	40	15

要求：
1. 按 1∶5 比例绘制女式偏襟罩衫结构图。
2. 图面整洁,图线清晰、流畅标注完整。

第三节　旗袍练习题

一、填空题

1. 旗袍的款式特征是领型为_____,前片收_____和_____,后片收_____,_____襟,钉两副_____,侧缝装_____,开_____,袖型为_____型短袖。
2. 旗袍在量体时胸围加放_____ cm,腰围加放_____ cm,臀围加放_____ cm,领围加放_____ cm,衣长由颈肩点经_____量至踝骨上_____ cm 左右。
3. 旗袍前胸宽、后背宽的计算公式分别是_____、_____。
4. 旗袍后小肩线的长度等于_____。
5. 旗袍制图时确定侧胸省大小的比值是_____。

二、解释术语

1. 旗袍
2. 偏襟

三、判断题（在下列叙述中,你认为正确的在括号内画"√",错误的画"×"）

1. 在测量旗袍臀围时,应按净体臀围的规格加放 3~5 cm。　　　　　　　　　（　　）
2. 旗袍前横开领与后横开领的计算公式一样,都是 N/5-1 cm。　　　　　　（　　）
3. 旗袍前胸围大的计算公式为 B/4+0.3 cm。　　　　　　　　　　　　　　（　　）
4. 旗袍前后衣片腰节省的省大均收 3 cm。　　　　　　　　　　　　　　　（　　）
5. 旗袍后衣片腰节线应按前衣片腰节线抬高 1 cm。　　　　　　　　　　　（　　）

四、选择题（把正确的答案填写在括号内）

1. 下列面料中最适合制作旗袍的面料是(　　)。
   A. 毛料　　　　　　　　B. 棉布　　　　　　　　C. 丝绸
2. 改良后的装袖旗袍属于(　　)服装。
   A. 中式　　　　　　　　B. 中西式　　　　　　　C. 西式
3. 旗袍领子制图时后领宽应为(　　) cm。
   A. 5　　　　　　　　　B. 5.3　　　　　　　　C. 6
4. 旗袍袖子制图中袖肥大的计算公式是(　　)。
   A. B/5　　　　　　　　B. B/5-0.5　　　　　　C. B/5-1 cm
5. 旗袍前肩宽的计算公式是(　　)。
   A. S/2-0.7 cm　　　　　B. S/2-0.5 cm　　　　　C. S/2 cm

五、简答题

1. 简述旗袍与偏襟女罩衫的区别。
2. 简述旗袍与女横胸省衬衫的区别。

六、绘图

制图规格: 单位:cm

号型	部位	衣长	胸围	腰围	领围	臀围	肩宽	前腰节长	袖长	胸高位
160/84A	规格	108	90	72	34	96	39	39	20	23

要求:

1. 按1∶5比例绘制旗袍前后衣片结构图。
2. 图面整洁,图线清晰、流畅,标注完整。

第十四章　服装样板制作

第一节　服装样板制作基础知识练习题

一、填空题

1. 服装样板是服装_____、_____、_____等所用的标样纸板,服装工业生产中一般都是先制作样板后_____,通常将制作样板称为_____。
2. 服装样板制作分为_____与_____两部分。
3. 制作样板的纸张要求_____、_____、_____,并保持干燥整洁。
4. 服装样板用纸一般有_____、_____、_____等几种。
5. 制作样板时,应考虑面料的_____缩率、_____缩率、_____缩率。
6. 样板上的定位标记主要有_____、_____两种。
7. 眼刀的制作要求是作_____,其深度为_____cm,宽度为____cm。
8. 服装样板的种类主要有_____和_____两种。

二、解释术语

1. 眼刀
2. 钻眼

三、判断题（在下列叙述中,你认为正确的在括号内画"√",错误的画"×"）

1. 在制板过程中要加上原料的缩率和在缝纫过程中所产生的缩缝缩率。　　　　　　(　　)
2. 样板的放缝与裁片的形状有关,一般弧形部位放缝量多些,直线部位可少放些。　(　　)
3. 服装结构制图一般都是净缝,所以样板制作与样板推档也应采用净缝。　　　　　(　　)
4. 样板上的定位标记主要起着标明服装边缘或中间部位宽窄、大小、位置的作用。　(　　)
5. 由于黄版纸的纸张比较厚实、硬挺、不宜磨损,所以比较适合制作中等批量生产的样板。
   　　　　　　　　　　　　　　　　　　　　　　　　　　　　　　　　　　　　(　　)

四、选择题（把正确的答案填写在括号内）

1. 制板定位定收省长度时钻眼标记应比实际长度短(　　)cm。
   A. 0.5　　　　　　　　B. 0.8　　　　　　　　C. 1
2. 制板定位定装袋和开袋的位置及大小时钻眼标记一般比袋的实际大小钻进(　　)cm。
   A. 0.5　　　　　　　　B. 1　　　　　　　　　C. 0.3
3. 绘制样板的轮廓线时应选择(　　)型铅笔。
   A. 2H　　　　　　　　B. HB　　　　　　　　C. 2B
4. 服装的边缘部位需要加放贴边,一般两用衫、中山服等有里布的服装应放(　　)cm。

A. 2 B. 3 C. 4
5. 由于（　　）的韧性好,裁剪容易,所以比较适合制作小批量生产的样板。
A. 牛皮纸 B. 裱卡纸 C. 黄版纸

五、简答题
1. 服装样板制作的工具有哪些?
2. 服装样板的放缝与哪些因素有关?
3. 服装样板上眼刀标明的部位有哪些?
4. 服装样板上钻眼标明的部位和要求是什么?
5. 样板上的文字标记包括哪些内容?

第二节　服装样板推档练习题

一、填空题
1. 服装样板推档又称作＿＿＿＿、＿＿＿＿、＿＿＿＿等。
2. 服装样板推档的特点是＿＿＿＿、＿＿＿＿,并且可将数档规格的样板绘制在一张图纸上,便于＿＿＿＿,便于＿＿＿＿。
3. ＿＿＿＿就是一档规格与另一档规格的差数。
4. 公共线的选择原则是＿＿＿＿、＿＿＿＿、＿＿＿＿。
5. 男西裤推板时,前后烫迹线作为经向公共线,前裤片在前裆缝一边应取放量的＿＿＿＿,侧缝一边应取放量的＿＿＿＿,后裆缝一边取放量的＿＿＿＿,侧缝一边取放量的＿＿＿＿。
6. 男西裤裤长规格档差是＿＿＿＿cm,运用逐档推档法推男西裤时,横裆线作为纬向公共线,男西裤上平线在长度方向的推档数值应为＿＿＿＿cm,下平线在长度方向的推档数值应为＿＿＿＿cm,中裆线在长度方向的推档数值应为＿＿＿＿cm。
7. 男西裤推板时,前窿门宽的推档依据是＿＿＿＿,推档的数值应为＿＿＿＿cm;后窿门宽的推档依据是＿＿＿＿,推档数值应为＿＿＿＿cm。
8. 女裙推板时,腰围的规格档差是＿＿＿＿cm,前后中心线作为经向公共线,前后腰围在围度方向的推板依据是＿＿＿＿,推档数值应为＿＿＿＿cm。
9. 女裙推板时,前后中心线、臀围线作为经向纬向的公共线,前裙片腰口省省根在长度方向的推档数值应为＿＿＿＿cm,在围度方向的推档数值应为＿＿＿＿cm,省尖在长度方向的推档数值为＿＿＿＿cm,在围度方向的推档数值为＿＿＿＿cm。
10. 女衬衫衣长的规格档差是＿＿＿＿cm,胸围线作为推板的纬向公共线,上平线在长度方向的推板依据是＿＿＿＿,推档数值应为＿＿＿＿cm,下平线在长度方向的推板依据是＿＿＿＿,推档数值应为＿＿＿＿cm。
11. 女衬衫肩宽的规格档差是＿＿＿＿cm,前后中心线作为女衬衫推板的经向公共线,前后肩宽在围度方向的推板依据是＿＿＿＿,推档数值应为＿＿＿＿cm。
12. 男西服胸围的规格档差是＿＿＿＿cm,前中心线作为男西服推板的经向公共线,前胸围大在围度方向的推板依据是＿＿＿＿,推档数值为＿＿＿＿cm,其中胁下省处围度方向的推档数值为_____cm,摆缝处围度方向的推档数值为_____cm。

13. 男西服衣长的规格档差是_____cm,腰节长的规格档差是_____cm,胸围线作为男西服推板的纬向公共线,上平线在长度方向的推板依据是_____,推档数值应为_____cm,腰节线和下平线在长度方向的推档数值分别是_____cm 和_____cm。

14. 男西服领围的规格档差是_____cm,前后中心线作为男西服推板的经向公共线,男西服前后横开领宽在围度方向的推板依据是_____,推档数值应为_____cm。

15. 运用总图推档法推板时,标准样板应选用_____或_____规格样板,因为总图推档法是在最小号与最大号规格框定之后求取_____。

二、解释术语

1. 总图推档法
2. 逐档推档法
3. 公共线

三、判断题（在下列叙述中,你认为正确的在括号内画"√",错误的画"×"）

1. 运用总图推档法进行男西裤推板时,上平线作为纬向公共线,要推2档3规格,那么臀高线、上裆线等横线应按每档"推档数值"×3,在标样上向下画准。（   ）
2. 胸围线作为男西服推板的纬向公共线,男西服背高线在长度方向的推板依据是1/2袖窿深档差。（   ）
3. 胸围线作为女衬衫推板的纬向公共线,女衬衫腰节线在长度方向的推档数值应为1 cm。（   ）
4. 标准样板是最后制作的样板,也称中心样板。（   ）
5. 男西裤小、中、大号的臀围分别是98、102、106,据此男西裤臀围的规格档差为4 cm。（   ）
6. 女衬衫前直开领深在长度方向的推档数值是0.2 cm。（   ）
7. 总图推档法的优点就是适合多档规格的推档。（   ）
8. 男西服袖子推板时,经向的公共线一般是前袖直线,纬向的公共线一般是袖山高线。（   ）
9. 公共线的特征是重叠且推移。（   ）
10. 男西裤推板时,前后中裆宽和脚口宽的推档数值一致,都是0.6 cm。（   ）

四、选择题（把正确的答案填写在括号内）

1. 运用逐档推档法选择标准样板进行推板时,一般应选用一套样板中的(   )规格。
   A. 最小号 B. 最大号 C. 中间号
2. 下列线条中不适合做上装衣片纬向公共线的线条是(   )。
   A. 上平线 B. 胸背宽线 C. 胸围线
3. 下列线条中不适合作裤子经向公共线的线条是(   )。
   A. 前后烫迹线 B. 下裆缝直线 C. 侧缝直线
4. 横裆线作为男西裤推板的纬向公共线,臀高线在长度方向的推档依据是(   )。
   A. 1/3 上裆档差 B. 1/2 上裆档差 C. 上裆档差

5. 女裙裙长的规格档差是（　　）cm。
A. 1　　　　　　　　　B. 1.5　　　　　　　　　C. 2
6. 男西服袖肘线在长度方向的推档是数值（　　）cm。
A. 0.6　　　　　　　　B. 0.8　　　　　　　　　C. 1
7. 女衬衫袖长、袖口的规格档差分别是（　　）cm。
A. 1.5 和 0.8　　　　　B. 1.5 和 1　　　　　　　C. 1.2 和 0.8
8. 男西服前直开领在长度方向的推档数值是（　　）cm。
A. 0.5　　　　　　　　B. 0.2　　　　　　　　　C. 0.3
9. 胸围线作为女衬衫推板纬向公共线，胸宽线在长度方向的推板依据是（　　）。
A. 1/3 袖窿深档差　　　B. 1/2 袖窿深档差　　　　C. 袖窿深档差
10. 男西服背宽线在围度方向的推板依据是（　　）。
A. 1/3 胸围档差　　　　B. 1/4 胸围档差　　　　　C. 1/6 胸围档差

五、简答题
1. 常见的服装样板推档方法有哪几种？它们各有哪些优缺点？
2. 简述总图推档法的操作步骤。
3. 简述逐档推档的操作步骤。

第三节　服装样板的检查与复核练习题

一、填空题
1. 复核标样时应目测样板的轮廓是否_____，弧线是否_____，领口、袖窿、裤窿门等部位形状是否_____。
2. 复核各档规格样板时，应先使各档规格按经纬公共线_____，目测各档规格线条是否_____，弧线是否_____，测量_____是否准确。
3. 复核标样的方法主要有_____、_____、_____。

二、判断题（在下列叙述中，你认为正确的在括号内画"√"，错误的画"×"）
1. 在样检复核样板时，首先要复核型号、款式和各种规格。（　　）
2. 复核中可以不复核样板组合结构的合理性。（　　）
3. 样板贴边、缝份可以不考虑工艺要求。（　　）
4. 在复核样板中，要复核样板规格，以及原料缩率和缝缉缩率是否相符。（　　）
5. 复核中要核实省、裥、袋位标记、眼刀钻眼是否准确。（　　）
6. 复核中要检查文字标记是否清楚准确，有否遗漏。（　　）

三、简答题
1. 服装样板检查与复核的内容有哪些？
2. 复核服装样板的要求是什么？

第三单元测试题

一、填空题（每空1分,共25分）

1. 中山服前腰省是以_____向下作直线为省中线,上省尖距胸围线_____cm。
2. 中山服领属于典型的_____领,其领子是由_____和_____两部分构成。
3. 正常体型一般是指_____,_____;特殊体型是指_____,_____的各种体型。
4. 驼背体体型特征是背部_____,头部_____,前胸_____。
5. 根据大衣长度的不同,一般可分为三种款式,即长大衣,其长度一般在_____;中长大衣,其长度一般在_____;短大衣,其长度应在_____上下。
6. 运用总图推档法推板时,标准样板应选用_____规格样板,然后运用同位点、连线等分制定出_____。
7. 女式偏襟罩衫的挖襟步骤是_____、_____、_____、_____。
8. 男西裤推板时,前窿门宽的推档依据是_____,推档的数值应为_____cm;后窿门宽的推档依据是_____,推档数值应为_____cm。

二、选择题（每小题1分,共10分。每小题选项中只有一个答案是正确的,请将正确答案的序号填在括号内）

1. 中山服结构制图中,胸袋和大袋袋口后角均应抬高（　　）。
   A. 0.5~1 cm　　　　　　B. 0.8~1.5 cm　　　　　　C. 1~1.5 cm
2. 正常情况下,后衣片上平线比前衣片高出的量是（　　）。
   A. 中山服大于西服
   B. 中山服小于西服
   C. 有时中山服大于西服;有时西服大于中山服
3. 呢中山服与布中山服相比,制图时在袖窿深、袖肥大、劈门大、偏袖等方面有所不同,根本原因是（　　）。
   A. 两者适体程度不同　　B. 两者穿着层次不同　　C. 两者基本结构不同
4. 做凸肚体的裤子,应加量（　　）。
   A. 腹围与前裆缝　　B. 腹围与臀围　　C. 腹围与直裆　　D. 腹围与大腿围
5. X型腿下裆缝应（　　）。
   A. 适当延长,并向外移　　　　　　　　B. 不改变位置
   C. 适当减短并向外移　　　　　　　　D. 归正丝缕
6. 做平臀体的裤子,应注意（　　）。
   A. 后省量适量增加　　B. 后裆斜线减短　　C. 抬高后翘　　D. 加大后裆宽
7. 男西服背宽线在围度方向的推板依据是（　　）。
   A. 1/3胸围档差　　B. 1/4胸围档差　　C. 1/6胸围档差　　D. 1/5胸围档差

8. 由于( )的韧性好,裁剪容易,所以比较适合制作小批量生产的样板。
A. 牛皮纸　　　　B. 裱卡纸　　　　C. 黄版纸　　　　D. 白板纸
9. 男式对襟暗门襟罩衫的挂肩大是( )。
A. B/5+4 cm　　　B. B/5+2 cm　　　C. B/5　　　　　D. B/5+1 cm
10. 改良后的装袖旗袍属于( )服装。
A. 中式　　　　　B. 中西式　　　　C. 西式

三、判断题(每小题1分,共10分。正确的在括号内画"√",错误的画"×")

1. 一般凸肚体可分为高位凸肚和低位凸肚两种,高位凸肚男性较多。　　　　　　　( )
2. 所谓非正常体型就是指有残疾的体型。　　　　　　　　　　　　　　　　　　　( )
3. 挺胸体只需对前衣片进行修正。　　　　　　　　　　　　　　　　　　　　　　( )
4. 做平臀体西裤,一般只需对后裤片进行相应修正。　　　　　　　　　　　　　　( )
5. X型腿和O型腿体型一般只需对裤片中裆以下部位进行相应修正。　　　　　　　 ( )
6. 袖隆弧线与袖山弧线是相互配合的关系,但前者受后者的制约。　　　　　　　　( )
7. 童装后直开领深的控制数值一般在1.3~1.7 cm之间,随着衣服层次的增加直开领深会变小。　　　　　　　　　　　　　　　　　　　　　　　　　　　　　　　　　　( )
8. 女罩衫定襟位过程中,襟位距前中线的距离为B/4,距肩线的距离为B/5+5 cm。( )
9. 拔襟时,按开口在大襟处拔开0.7 cm,在小襟处折叠0.7 cm左右。　　　　　　 ( )
10. 复核中要核实省、裥、袋位标记和眼刀、钻眼是否准确。　　　　　　　　　　( )

四、解释术语(每小题3分,共9分)

1. 荡领
2. 对刀
3. 公共线

五、填图题(每空1分,共8分)

标出下面中山服领子制图的有关数据。

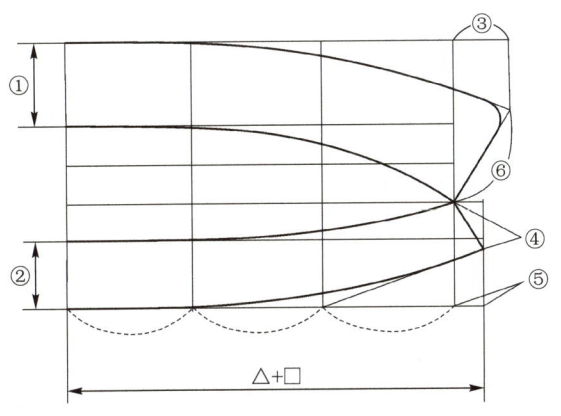

① _____
② _____
③ _____
④ _____
⑤ _____
⑥ _____

六、简答题(3 小题,共 18 分)

1. 中山服大袋盖周围为什么略呈外弧形?
2. 袖山弧线为什么要有吃势?
3. 服装样板上钻眼标明的部位和要求是什么?

七、制图题(共 22 分)

制图规格: 单位:cm

号型	部位	衣长	胸围	领围	肩宽	前腰节长
170/88A	规格	75	108	41	45	42.5

要求:

1. 用 1∶5 的比例绘制中山服前衣片结构图。
2. 图面整洁,图线清晰、分明、流畅,标注完整。

综合模拟试题（一）

（时间 90 分钟　　总分 100）

一、填空题（每空 1 分，共 25 分）

1. 服装结构制图的主要依据是_____，制定服装放松量的主要依据之一是_____。
2. 直身裙包括_____、_____、_____等。
3. 女衬衫的基本结构一般由_____、_____、_____等组合而成。
4. 女西裤裤腰的放松量一般在_____ cm 之间，适身型裤臀围放松量为_____ cm 之间。
5. 女西服由于加收领胸省，_____和肩端点等均应相应移位，采用的方法是_____。
6. 男西服大袋袋口大计算公式为_____，袋盖宽一般为_____ cm。
7. 中山服领属于典型的_____领，其领子是由_____和_____两部分构成。
8. 与裤子结构制图有关的特殊体型主要有_____、_____、_____、O 型腿、X 型腿等五种。
9. 儿童服装根据儿童成长过程，可分为_____、_____、_____。
10. 服装样板是服装裁剪、排料、画样等所用的_____，服装工业生产中一般都是先制作样板后裁剪，通常将制作样板称为_____。

二、选择题（每小题 1 分，共 10 分。每小题选项中只有一个答案是正确的，请将正确答案的序号填在括号内）

1. 某女生身高 162 cm、胸围 79 cm、腰围 64 cm，应选购（　　）号型的上衣和裤子。
   A. 162/79A　162/64A
   B. 160/80A　160/64A
   C. 160/80A　160/66A
   D. 160/80B　160/64B
2. 西裤后片的后裆斜线的画法是：以后裆直线为始边，以臀围大点为起点，取比值（　　）画斜线。
   A. 15∶5.3
   B. 10∶2
   C. 15∶4.3
   D. 15∶3.5
3. 女衬衫袖片制图中的袖中线取袖肥大的（　　）。
   A. 1/2
   B. 1/2 前移 0.3 cm
   C. 1/2 前移 0.5 cm
   D. 1/2 后移 0.3 cm
4. 因直裙的裙身偏于合体，故臀围的放松量应在（　　）。
   A. 4~5 cm
   B. 2~3 cm
   C. 2.5~3.5 cm
   D. 3.5~4 cm
5. 西服结构制图中，前后肩端点，都按原肩点抬高 1 cm，其原因是（　　）。
   A. 由于女西服领胸省的影响所致

B. 由于肩斜度对女西服来说不准确,需要进行调节

C. 由于西服配有垫肩,肩斜度应适当减小

D. 是为了增加袖窿深度

6. 确定服装翻领松度的依据是(　　)。

A. $h+h_0$　　　　　　　　　　　　B. $h-h_0$

C. $2(h-h_0)$　　　　　　　　　　　D. $2(h+h_0)$

7. 制图时中山服大袋盖周围成画成外弧形,其弧度大小(　　)。

A. 总是确定不变的

B. 应随袋盖的长和宽的增加而略有增减

C. 可随意确定

8. 修正凸臀体纸型,应注意(　　)。

A. 减短后缝斜线　　　　　　　B. 后省量减小

C. 后档宽放宽　　　　　　　　D. 减小前隆门

9. AH 在制图中表示(　　)。

A. 前袖窿弧线　　　　　　　　B. 后袖窿弧线

C. 袖窿弧线总长　　　　　　　D. 领圈弧长

10. 制板时可用钻眼的方法标记省的长度,要求钻眼的位置应比实际省长短(　　)cm。

A. 0.5　　　　　　　　　　　　B. 0.8

C. 1　　　　　　　　　　　　　D. 1.2

三、判断题(每小题 1 分,共 10 分。正确的在括号内画"√",错误的画"×")

1. 人体手臂弯曲时,上臂与下臂呈一定角度,反映在衣袖上为后袖弯线外凸,前袖弯线内凹。(　)

2. 起翘是使西裤后档缝拼接后腰口顺直的先决条件,后档缝斜度越大,起翘越高。(　)

3. 女上装的胸高位是人体颈肩点至乳峰点的测量值再加上穿着层次的厚度。(　)

4. 直裙的后裙摆应和前裙摆等量(不包括阴裥量)。(　)

5. 西服制图时,在肩端点处要抬高 1 cm,目的是为了突出肩部。(　)

6. 西服驳口线与领口标准圆的切点位置只与 h_0 有关,当 h_0 确定时,切点位置必然确定。(　)

7. 紧身型女西裤臀围的放松量应根据面料的不同而变化。(　)

8. 驳领女大衣,其第一粒扣必须定在胸围线下 5 cm,否则就是错误的。(　)

9. 儿童时期是指从出生起一直到中学毕业的一段时期。(　)

10. 样板的放缝与裁片的形状有关,一般弧形部位放缝量多些,直线部位可少放些。(　)

四、解释术语(每小题 2 分,共 8 分)

1. 服装放松量

2. 叠门

3. 搅止口

4. 出手

五、填图题(每空 1 分,共 7 分)

按下图所示标出女衬衫领子有关数据。

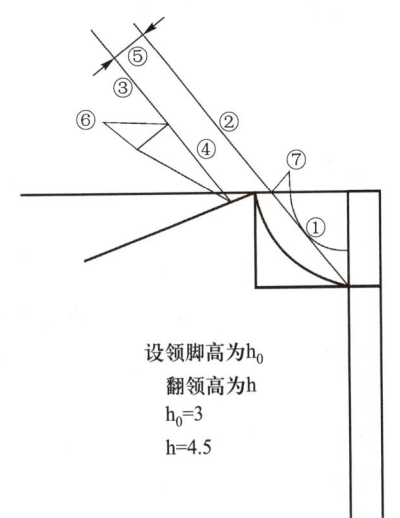

设领脚高为 h_0
翻领高为 h
$h_0=3$
$h=4.5$

① _____

② _____

③ _____

④ _____

⑤ _____

⑥ _____

⑦ _____

六、简答题(第 1、2 小题每题 4 分,第 3 题 6 分,共 14 分)

1. 简要回答颈部与衣领的关系。
2. 衣领依据前片领圈制图的合理性有哪些?
3. 合体女西服常采用什么结构设计?具体设计方法是什么?

七、制图题(每题 13 分,共 26 分)

(一) 男西服袖片制图。

制图规格:　　　　　　　　　　　　　　　　　　　　　　　　　　　单位:cm

号型	部位	袖长	胸围	AH
170/88A	规格	58.5	108	52

要求:

1. 用 1∶5 的比例绘制男西服袖片结构图。(18 分)

2. 图面整洁,图线清晰、分明、流畅,标注完整。

(二) 女衬衫袖片制图。

制图规格:　　　　　　　　　　　　　　　　　　　　　　　　　　　单位:cm

部位	胸围	袖长	AH
规格	96	56	44

要求:

1. 用 1∶5 的比例绘制女衬衫袖片结构图。(8 分)

2. 图面整洁,图线清晰、分明、流畅,标注完整。

综合模拟试题(二)

(时间 90 分钟　总分 100)

一、填空题(每空 1 分,共 25 分)

1. 决定衣片及其附件结构制图的因素有_____、_____、_____等三个方面。
2. 裤长的测定一般自_____处向上_____cm 左右为始点,顺直向下量至所需长度。
3. 腰围剪接型连衣裙,按剪接的位置不同,可分为_____、_____和_____等类型。
4. 西短裤结构制图中,前腰围大计算公式是_____。
5. 西服配领围的计算公式是_____,但要注意胸围放松度大的应把_____因素除外。
6. 西服背心的前小肩宽是取西服前小肩宽的_____;低落_____cm。
7. 中山服前衣片横开领计算公式是_____;后横开领计算公式是_____;中山服撇胸为_____cm。
8. 一般服装结构制图的计算公式都是以_____为标准的,对非正常体型需在_____的基础上加以修正,常用的方法是_____法,其步骤是首先确定_____作为基图,然后以此为据,结合特殊体型的变化作相应的变更。
9. 在男童装的测量中,因儿童处于生长发育期,又活泼好动,故胸围的放松量_____,应_____。
10. 制作样板的纸张要求_____、_____、_____,并保持干燥整洁。

二、选择题(每小题 1 分,共 10 分。每小题选项中只有一个答案是正确的,请将正确答案的序号填在括号内)

1. 某女生长得较胖,胸围是 90 cm、腰围是 76 cm,她的体型属于(　　)。
   A. Y 体　　　　B. A 体　　　　C. B 体　　　　D. C 体
2. 男西裤裤腰里长与腰面相同,宽为腰面宽加(　　)。
   A. 1 cm　　　　B. 1.5 cm　　　　C. 2 cm　　　　D. 2.5 cm
3. 连衣裙臀高线的计算可按(　　)。
   A. 0.1 号+1 cm　　B. 0.1 号+2 cm　　C. 0.1 号+3 cm　　D. 0.1 号+4 cm
4. 宽松裤的前脚口大计算公式是(　　)。
   A. 脚口大−2 cm　　B. 脚口大+2 cm　　C. 脚口−1.5 cm　　D. 脚口+1.5 cm
5. 女西服后袖缝线在袖口处不设置偏袖量是因为(　　)。
   A. 袖口有袖衩,钉装饰扣　　　　B. 手臂活动的需要
   C. 西服的袖肥较小　　　　　　　D. 前后袖缝线画顺
6. 对女西服的领胸省,下列说法正确的是(　　)。
   A. 收女西服的领胸省,能使服装更合体
   B. 当驳头翻折后,领胸省省缝不外漏,不破坏服装的整体效果

C. 女西服必须收领胸省,否则是错误的
7. 直裙的前臀围大计算公式是(　　　)。
   A. H/4-1 cm　　　B. H/4 cm　　　C. H/4+1 cm　　　D. H/4+2 cm
8. 女大衣方角形领圈中,将竖直方向的领圈线画成略带弧线的原因是(　　　)。
   A. 画成微弧线能使领围更美观　　　B. 因为领子底口弧线是弧形的
   C. 有利于前后领圈的圆顺连接
9. 男童装上装后上平线与前上平线的关系是(　　　)。
   A. 后衣片比前衣片长 0.7 cm　　　B. 后衣片比前衣片短 0.7 cm
   C. 后衣片与前衣片平齐　　　D. 后衣片比前衣片短 1 cm
10. 制板定位定装袋和开袋的位置及大小时的钻眼标记一般比袋的实际大小偏进(　　)cm。
    A. 0.5　　　B. 1　　　C. 0.3　　　D. 0.8

三、判断题(每小题 1 分,共 10 分。正确的在题后括号内画"√",错误的画"×")
1. 斜丝缕在服装制图中应适量放宽规格,而在长度方向上则宜稍短。　　　(　　)
2. 中腰剪接连衣裙的剪接位置应高于人体腰部。　　　(　　)
3. 扩展式连衣裙一般自腰围以下向外扩展,属于宽松型。　　　(　　)
4. 褶裥的类型有三种,采用不同的褶裥类型可以产生不同的效果。　　　(　　)
5. 领口标准圆是以上平线与叠门线交点为圆心,以前横开领减 0.8 h。为半径画出的圆。(　　)
6. 一般情况下西服领头宽要略小于驳头缺嘴宽。　　　(　　)
7. 西服背心的大小袋前口是平齐的,并与止口线平行。　　　(　　)
8. 做平臀体西裤,一般只需对后裤片进行相应修正。　　　(　　)
9. 童装结构制图时,只需要将成人服装的尺码规格进行简单缩小就可以了。　　　(　　)
10. 服装结构制图一般都是净缝,所以样板制作与样板推档也应采用净缝。　　　(　　)

四、解释术语(每小题 2 分,共 8 分)
1. 组合形态
2. 过肩
3. 劈势
4. 挂肩

五、填图题(每空 2 分,共 10 分)
按下图所示标出斜裙有关数据。

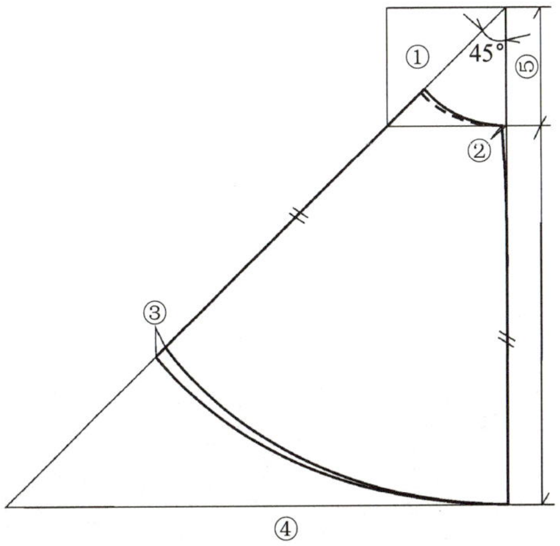

① ＿＿＿＿＿＿＿＿＿＿

② ＿＿＿＿＿＿＿＿＿＿

③ ＿＿＿＿＿＿＿＿＿＿

④ ＿＿＿＿＿＿＿＿＿＿

⑤ ＿＿＿＿＿＿＿＿＿＿

六、简答题(每小题 5 分,共 15 分)

1. 如何理解"先横后竖、定点画弧、定位"的含义?
2. 为什么男衬衫第一粒纽与第二粒纽的距离比其他款式的上衣纽位间的距离稍短?
3. 袖山高低、袖肥大小对服装穿着效果有什么影响?

七、制图题(22 分)

制图规格: 单位:cm

部位	衣长	胸围	领围	肩宽	袖长	前腰节长	胸高点
规格	64	96	36	40	56	40	24

要求:

1. 用 1∶5 的比例绘制女衬衣前后衣片结构图。
2. 图面整洁,图线清晰、分明、流畅,标注完整。

综合模拟试题(三)

(时间90分钟　总分100)

一、填空题(每空1分,共24分)

1. 开剪操作应_____、_____,以方便操作、减少_____为原则。
2. 高腰裙可分为_____与_____两种类型。
3. 男衬衫的特点是_____。
4. 女西裤后片制图时,在后裆直线上,以_____为起点,取比值为_____作后裆缝斜线。
5. 男西服前腰省的定位方法是省中线按_____处向下画直线与大袋口相交,省尖距胸围线_____cm。
6. 女西服前衣片的放缝,领口为_____cm,肩缝为_____cm,底边为_____cm。
7. 眼刀一般在缝份处,眼刀深浅以_____为宜。
8. 特殊体型上衣主要有_____、_____、_____、_____、_____等。
9. 女童装连衣裙前胸宽、后背宽的计算公式分别是_____和_____。
10. 制作样板时,应考虑面料的_____缩率、_____缩率、_____缩率。

二、选择题(每小题1分,共10分。每小题选项中只有一个答案是正确的,请将正确答案的序号填在括号内)

1. 某男生身高167 cm、胸围80 cm、腰围62 cm,应选购(　　)号型的上衣和裤子。
   A. 165/80A　165/62A
   B. 165/84A　165/60A
   C. 167/80B　167/62B
   D. 165/80Y　165/62Y

2. 牛仔裤后裤片的后裆斜线是在后裆直线上,以臀围线为起点,取比值为(　　)。
   A. 15∶3.5　　　　B. 15∶3　　　　C. 15∶4　　　　D. 15∶2.5

3. 男衬衫前肩斜的比值是(　　)。
   A. 15∶5.5　　　　B. 15∶3　　　　C. 15∶6　　　　D. 15∶2.5

4. 男西裤后裆宽的计算公式是(　　)。
   A. 0.8/10H　　　　B. H/10　　　　C. 0.9/10H　　　　D. 0.5/10H

5. 当袖窿弧长AH确定时,下列说法正确的是(　　)。
   A. 只要确定了袖肥,袖山深必为定数,若改变了袖肥,必然引起袖山深的变化
   B. 确定了袖肥以后,袖山深还可以调节
   C. 袖肥和袖山深均为定数,不能再进行变化

6. 相同条件下,中山服横开领与西服相比(　　)。
   A. 二者应相等　　　　　　　　　　B. 中山服大于西服

C. 西服大于中山服 D. 无法确定

7. 正常情况下,男装后衣片上平线比前衣片高出的量是( )。

A. 中山服大于西服 B. 中山服小于西服

C. 有时中山服大于西服,有时西服大于中山服

8. 大衣的袖山斜线为 AH/2+0.6 cm,西服的袖山斜线则是 AH/2+0.3 cm,两者不同的根本原因是( )。

A. 大衣胸围放松量比西服大 B. 大衣袖肥大于西服袖肥

C. 大衣袖山吃势大于西服

9. 女童装连衣裙袖肥为 B/5+0.6 cm,当袖肥变为 B/5+1 cm 时,袖山深也会随着( )。

A. 增大 B. 减小 C. 不变

10. 运用逐档推档法选择标准样板进行推板时,一般应选用一套样板中的( )规格。

A. 最小号 B. 最大号 C. 中间号

三、判断题(每小题 1 分,共 10 分。正确的在题后括号内画"√",错误的画"×")

1. 服装工业企业在选用号型系列时,必须考虑每一个号型适应本地区的人口比例和市场需求情况。( )

2. 西裤后片裆缝低落数值,主要以与前片下裆缝等长为准。( )

3. 男衬衫的底领大等于前、后领圈弧长。( )

4. 裤子的基本结构是前裆宽小于后裆宽,这是由人体的结构和人体的运动规律决定的。( )

5. 西服驳口线与标准领口圆的切点位置主要受驳口点的影响,驳口点位置不同,切点位置也不同,进而使驳口线与上平线交点也有所不同。( )

6. 男女西服串口线都是取直开领的 1/2。( )

7. 一般情况下西服领头宽要略小于驳头缺嘴宽。( )

8. 挺胸体只需对前衣片进行修正。( )

9. 女童装泡泡袖的结构制图是在平袖结构制图的基础上将袖山展宽 7.5 cm。( )

10. 标准样板是最后制作的样板,也称中心样板。( )

四、解释术语(每小题 3 分,共 12 分)

1. 克夫

2. 后裆下垂

3. 服装样板推档

五、填图题(每空 1 分,共 14 分)

1. 标出女西服领子制图的主要数据及公式。

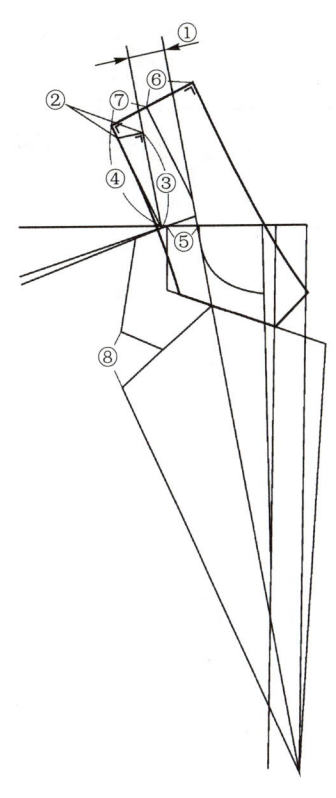

① _____

② _____

③ _____

④ _____

⑤ _____

⑥ _____

⑦ _____

⑧ _____

2. 标出中山服领子结构图的有关制图数据。

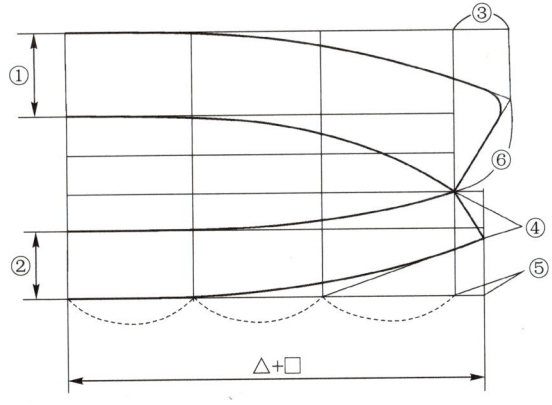

① _____

② _____

③ _____

④ _____

⑤ _____

⑥ _____

六、简答题(3小题,共 12 分)

1. 无袖类袖型的袖窿深度如何调节?
2. 服装样板的放缝与哪些因素有关?
3. 试述男西服腋下省延长并直通到底有哪些作用。

七、制图题(18分)

制图规格: 单位:cm

号型	部位	衣长	胸围	领围	肩宽	前腰节长
170/88A	规格	75	108	40	45	42.5

要求:

1. 用1∶5的比例绘制男西服前衣片结构图。
2. 图面整洁,图线清晰、分明、流畅,标注完整。

综合模拟试题(四)

(时间90分钟   总分100)

一、填空题(每空1分,共23分)

1. 批量裁剪是将整个的裁剪过程分为若干个_____,由若干个裁剪技术工人配合,共同完成裁剪的_____过程。
2. 西裤前横裆大应在横裆线与侧缝直线相交处偏进_____cm。
3. 两用衫的测量,因款式的要求,衣长应比一般服装_____,胸围的加放量一般在_____cm,如果是宽松的款式,则加放量可在_____cm以上。
4. 直裙的腰围放松量不宜过大,在_____cm为宜。
5. 男西服大袋袋口大计算公式为_____,袋盖宽一般为_____cm,大袋袋口处一般要开_____省,省大_____cm。
6. 为保持西服胸部的饱满挺括,制作西服时一般采用胸部加_____的方法。
7. 中山服胸袋的定位方法是袋口与_____平齐,胸袋后角距胸宽线_____cm。
8. 造成服装弊病的原因主要有_____和_____两方面的因素。
9. 衣片分割方法很多,但一般分割线条都要通过_____、_____和_____这三个主要部位。
10. 服装样板推档的特点是_____、_____,并且可将数档规格的样板绘制在一张图纸上,便于_____,便于_____。

二、选择题(每小题1分,共10分。每小题选项中只有一个答案是正确的,请将正确答案的序号填在括号内)

1. 普通西裤改变为低腰裤,则应(   )。
   A. 上裆减短、腰围加大   B. 上裆减短、腰围不变
   C. 上裆不变、裤长减短   D. 上裆不变、腰围不变
2. 女西裤前档宽计算公式为(   )。
   A. 0.8/10H   B. H/10   C. 0.4/10H   D. 0.3/10H
3. 女两用衫袖子的后偏袖量是(   )。
   A. 1 cm   B. 1.5 cm   C. 2 cm   D. 2.5 cm
4. 直裙臀围线的高度是(   )。
   A. 15 cm   B. 12 cm   C. 17 cm   D. 20 cm
5. 一件女西服号型为160/88A,成品胸围是96 cm,胸围的放松量是(   )。
   A. 10 cm   B. 12 cm   C. 16 cm   D. 8 cm
6. 一般情况下,前后衣片小肩线长度的正确关系是(   )。

A. 前大于后　　　　　B. 前后相等　　　　　C. 后大于前
7. 中山服胸围放松量应略大于西服放松量,中山服袖长一般应比西服袖(　　)。
　　A. 略长　　　　　　B. 略短　　　　　　C. 相等
8. 男大衣后衣片上平线比前衣片高出约 3 cm,女大衣前后衣片上平线基本平齐,两者不同的根本原因是(　　)。
　　A. 男女大衣长度不同　　　　　　　　B. 男女大衣基本造型不同
　　C. 男女大衣适体程度不同　　　　　　D. 男女大衣前后腰节差数不同
9. 当女童装上衣前小肩线为 X 时,它的后小肩线应为(　　)。
　　A. X+0.3 cm　　　B. X+0.5 cm　　　C. X-0.3 cm　　　D. X-0.5 cm
10. 下列线条中不适合做裤子经向公共线的线条是(　　)。
　　A. 前后烫迹线　　　B. 下裆缝直线　　　C. 侧缝直线

三、判断题(每小题 1 分,共 10 分。正确的在括号内画"√",错误的画"×")
1. 合理套排是指在保证衣片数量的前提下,节约用料的套排画样。　　　　　　　(　　)
2. 男、女西裤及西短裤其后裆缝斜度是一样的。　　　　　　　　　　　　　　(　　)
3. 女式两用衫的袋口位置是以胸宽线为中心线的,袋口大为 B/10+4 cm。　　　(　　)
4. 在缝制斜裙时,腰口处要稍微放些吃势。　　　　　　　　　　　　　　　　(　　)
5. 女西服挂面应在缉合领胸省的基础上进行裁配。　　　　　　　　　　　　　(　　)
6. 西服背心的前后小肩长度相等。　　　　　　　　　　　　　　　　　　　　(　　)
7. 虽然平驳领和戗驳领驳头形状不同,但领子的制图方法并没有本质的变化。　(　　)
8. 服装弊病产生的原因虽然很多,但可归结为结构制图和工艺两方面因素。　　(　　)
9. 当男童装开刀分割出现袖隆省时,省大为△,它的落肩也同时抬高△。　　　(　　)
10. 男西裤小、中、大号的臀围分别是 98、102、106,据此男西裤臀围的规格档差为 4 cm。(　　)

四、解释术语(每小题 3 分,共 12)
1. 丝绺
2. 画顺
3. 捆势
4. 眼刀

五、填图题(每空 1 分,共 7 分)
按右图所示标出女两用衫袖里布的放缝数据。

① _____
② _____
③ _____
④ _____
⑤ _____
⑥ _____
⑦ _____

六、简答题(3 小题,共 15 分)

1. 简述裁制女西服领胸省的方法和步骤。
2. 方角形领圈中,前领圈竖直方向的领圈线处理成弧线的原因是什么?
3. 服装样板上眼刀标明的部位有哪些?

七、绘图题(23 分)

(一)绘制男衬衫后衣片

制图规格:　　　　　　　　　　　　　　　　　　　　　　　　　　　　　　单位:cm

号型	部位	衣长	胸围	领围	肩宽	袖长	前腰节长
170/88A	规格	71	110	39	46	59.5	42.5

要求:

1. 用 1∶5 的比例绘制男衬衫后衣片结构图。(13 分)
2. 图面整洁,图线清晰、分明、流畅,标注完整。

(二)绘制女西短裤后片

制图规格:　　　　　　　　　　　　　　　　　　　　　　　　　　　　　　单位:cm

部位	裤长	腰围	臀围	上裆	脚口
规格	42	76	100	29	27

要求:

1. 用 1∶5 的比例绘制女西短裤后片结构图。(10 分)
2. 图面整洁,图线清晰、分明、流畅,标注完整。

综合模拟试题（五）

（时间 90 分钟　　总分 100）

一、填空题（每空 1 分，共 23 分）

1. 服装裁片编号分为_____和_____两种，编号部位一般在裁片的_____处。
2. 女西裤前横裆大应在横裆线与侧缝直线相交处偏进_____cm。
3. 夹克衫的长度_____一般上衣，胸围的加放量比一般上衣_____，约在_____cm。
4. 男西裤适身型臀围的放松量一般在_____cm 之间。
5. 女西服前横开领计算公式为_____，前肩宽计算公式为_____。
6. 西服背心的前角长为_____。
7. 男西服的翻领宽为_____cm，领座宽为_____cm。
8. 男大衣后片小肩线比前衣片小肩线长_____cm，后衣片上平线比前衣片高出_____cm，后直开领为_____cm。
9. 童装的变化主要表现在_____上，它与_____的不同之处在于童装的款式变化首先要考虑各个不同时期的_____，然后以此为_____进行款式变化。
10. 公共线的选择原则是_____、_____、_____。

二、选择题（每小题 1 分，共 10 分。每小题选项中只有一个答案是正确的，请将正确答案的序号填在括号内）

1. 由于颈部呈不规则圆台状并向前倾斜的特点，因而形成领的造型基本上是（　　）。
   A. 后领脚宽、前领脚窄　　　　　　　　　B. 前领脚宽、后领脚窄
   C. 前领脚宽等于后领脚宽
2. 女西裤臀腰差偏小的体型，一般是指臀腰差在（　　）以下。
   A. 25 cm　　　　B. 15 cm　　　　C. 20 cm　　　　D. 10 cm
3. 省道变化主要应用于女装中，公主线两用衫是属于（　　）的省道变化形式。
   A. 连省成分割线　　　　　　　　　　　　B. 单个省道的转移应用
   C. 多个省道的转移应用　　　　　　　　　D. 连省成缝
4. 男衬衫前肩斜的比值是（　　）。
   A. 15 : 5.5　　　B. 15 : 3　　　　C. 15 : 6　　　　D. 15 : 2.5
5. 女西服袖山中线的正确定位方法是（　　）。
   A. 按袖肥的 1/2 定位　　　　　　　　　　B. 按袖肥减 0.7 cm 的 1/2 定位
   C. 按袖肥加 0.7 cm 的 1/2 定位
6. 因直裙的裙身偏于合体，故臀围的放松量应在（　　）。
   A. 4~5 cm　　　B. 2~3 cm　　　C. 2.5~3.5 cm　　D. 3.5~4 cm

7. 女衬衫袖片制图中的袖中线取袖肥大的（　　）。
   A. 1/2　　　　　　B. 1/2 前移 0.3 cm　　　C. 1/2 前移 0.5 cm　　　D. 1/2 后移 0.3 cm
8. 对于适体型服装，前后袖窿弧线在肩端点处与小肩线的夹角，关系正确的是（　　）。
   A. 前后只要互为补角就是正确的　　　　　　B. 后片夹角略大于 90°，且前后夹角应互补
   C. 前后一定要相等
9. 青果领女童大衣袖肘线的定位方法是由上平线向下量（　　）。
   A. 1/3 号　　　　　B. 1/4 号　　　　　　C. 1/5 号　　　　　　D. 1/2 号
10. 胸围线作为女衬衫推板的纬向公共线，胸宽线在长度方向的推板依据是（　　）。
    A. 1/3 袖窿深档差　　B. 1/2 袖窿深档差　　C. 袖窿深档差　　D. 2/3 袖窿深档差

三、判断题（每小题 1 分，共 10 分。正确的在括号内画"√"，错误的画"×"）

1. 裥是根据人体曲线形态所需缝合的部分。（　）
2. 前裆缝在腰口处劈势量与前裤片腰口折裥量的多少有关。（　）
3. 男上装前胸宽、后背宽之差的表达式是：$o \leq B/10-8 \leq 3$。（　）
4. 非控制部位是指服装裁剪中较次要的部位，如上裆长、脚口等。（　）
5. 所有西服领子的制图方法都是相同的，所以只要打出一个领样，各种西服均可通用。（　）
6. 西服绱领点位置总是固定不变的。（　）
7. 外贴袋女西服与开袋女西服袋口的定位方法是相同的，所以其袋口大小也必然相同。（　）
8. 女大衣胸围放松量大小主要受穿着层次的影响。（　）
9. 男式对襟罩衫挂肩线与背中线是相互垂直的关系。（　）
10. 男西服袖子推板时，经向的公共线一般是前袖直线，纬向的公共线一般是袖山高线。（　）

四、解释术语（每小题 3 分，共 12 分）

1. 比值
2. 登闩
3. 折转
4. 总图推档法

五、填图题（每空 1 分，共 14 分）

1. 在右图中标出主要数据及衬的名称。

   ① _____
   ② _____
   ③ _____
   ④ _____
   ⑤ _____
   ⑥ _____
   ⑦ 粗实线表示_____
   ⑧ 点画线表示_____

2. 右图是男西服后衣片结构图,请标出有关制图数据及计算公式。

① _____

② _____

③ _____

④ _____

⑤ _____

⑥ _____

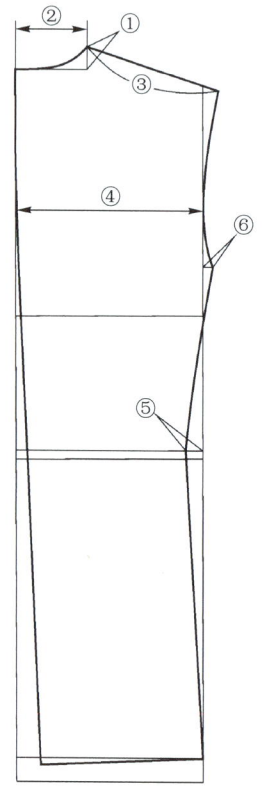

六、简答题(3 小题,共 15 分)
1. 分割线的表现形式有哪几种?
2. 为什么说按胸围推算领圈是不合理的?
3. 常见的服装样板推档的方法有哪几种?它们各自的优缺点分别是什么?

七、制图题(16 分)

制图规格: 单位:cm

号型	部位	衣长	胸围	领围	肩宽	前腰节长	胸高点
160/84A	部位	66	96	36	40	40	24

要求:
1. 用 1∶5 的比例绘制贴袋女西服前片结构图。
2. 图面整洁,图线清晰、分明、流畅,标注完整。

综合模拟试题（六）

（时间 90 分钟　　总分 100）

一、填空题（每空 1 分，共 25 分）

1. _____ 是设计服装成品规格的来源和依据。
2. 直裙不宜使用太薄的面料，主要适用面料有_____、_____等。
3. 分割线是女装中应用最广泛的一种形式，通过分割线，使原有的_____融入到衣缝中，发挥了_____与_____的两大功能。
4. 女西裤后片制图时，在后裆直线上，以_____为起点，取比值为_____作后裆缝斜线。
5. 西服款式变化主要表现在_____、叠门、_____、_____、开衩等部位。
6. 男西服后衣片上平线比前衣片上平线高_____ cm，而女西服前后衣片上平线可保持_____。
7. 中山服的造型均衡、_____、_____，已成为中国代表性的男装之一。
8. 在套肩袖服装制图中，小肩线与袖中线若有夹角，一般应作_____处理，使之适应手臂顶端形状，若前片袖中线的倾角为 15∶10，则后中线倾角应为_____。
9. 中式服装是中华民族传统服装，它是由_____构成的。
10. 男西服胸围的规格档差是_____ cm，前中心线作为男西服推板的经向公共线，前胸围大在围度方向的推板依据是_____，推档数值为_____ cm，其中胁下省处围度方向的推档数值为_____ cm，摆缝处围度方向的推档数值为_____ cm。

二、选择题（每小题 1 分，共 10 分。每小题选项中只有一个答案是正确的，请将正确答案的填在括号内）

1. 某女生长得较胖，胸围是 90 cm，腰围是 76 cm，她的体型属于（　　）。
   A. Y 体　　　　　B. A 体　　　　　C. B 体　　　　　D. C 体
2. 当袖窿弧长 AH 确定时，下列说法正确的是（　　）。
   A. 只要确定了袖肥，袖山深必为定数，若改变了袖肥，必然引起袖山深的变化
   B. 确定了袖肥以后，袖山深还可以调节
   C. 袖肥和袖山深均为定数，不能再进行变化
3. 连成省缝主要有衣缝和分割线两种形式，其中（　　）是衣缝。
   A. 高背缝　　　　B. 公主缝　　　　C. 刀背缝　　　　D. 背缝
4. 腰节线的测量可通过实量获得，也可按身高（号）的（　　）获得。
   A. 1/2　　　　　B. 1/4　　　　　C. 1/4 +2 cm　　　D. 1/4+3 cm

5. 中山服大袋制图时,四周略成外弧形的原因是( )。
   A. 为了防止成品袋盖向内弯曲,使袋盖圆顺方正
   B. 因底边是弧形的,所以袋盖也应制成弧形
   C. 因为成品袋盖四周成弧形比直形更美观
6. 制图时中山服大袋盖周围应画成外弧形,其弧度的大小( )。
   A. 总是确定不变的   B. 应随袋盖的长和宽的增加而略有增减
   C. 可随意确定
7. 呢中山服与布中山服相比,制图时在袖窿深、袖肥大、劈门大、偏袖等方面有所不同,根本原因是( )。
   A. 两者适体程度不同   B. 两者穿着层次不同
   C. 两者基本结构不同
8. O型腿烫迹线方向应( )。
   A. 不改变位置   B. 自然偏向下裆方向
   C. 归正丝缕   D. 自然偏向侧缝方向
9. 青果领的衣领松斜度的比值是( )。
   A. $h+h_0:2(h-h_0)$ B. $h-h_0:2(h-h_0)$
   C. $h+h_0:2(h+h_0)$ D. $h-h_0:2(h+h_0)$
10. 女裙裙长的规格档差是( ) cm。
   A. 1   B. 1.5   C. 2   D. 2.5

三、判断题(每小题1分,共10分。正确的在括号内画"√",错误的画"×")
1. 对有倒顺毛、倒顺花及倒顺格的衣料,在服装结构图上应标明方向,以免裁错。 (   )
2. 上裆的长度不随样式的变化而变化。 (   )
3. 夹克衫的前后摆缝近似直线,所以底边不需要起翘。 (   )
4. 验片是对裁片的数量进行检验,目的是为了及时发现数量问题。 (   )
5. 男西服驳头一定要比女西服驳头宽。 (   )
6. 西服领的领座宽和翻领宽是进行领子制图的主要参数,二者差数越大,领座线偏离驳口线就越远。 (   )
7. 外贴袋女西服与开袋女西服袋口的定位方法是相同的,所以其袋口大小也必然相同。 (   )
8. 青果领领面与挂面相连,领外口弧线与驳头弧线应圆顺连接。 (   )
9. 装袖罩衫一般属于西式服装。 (   )
10. 服装样板复核中可以不复核样板组合结构的合理性。 (   )

四、解释术语(每小题2分,共8分)
1. "型"
2. 开剪线路
3. 毛样
4. 逐档推档法

五、填图题(每空1分,共10分)

按下图所示部位标出男式对襟暗门襟罩衫有关数据或公式。

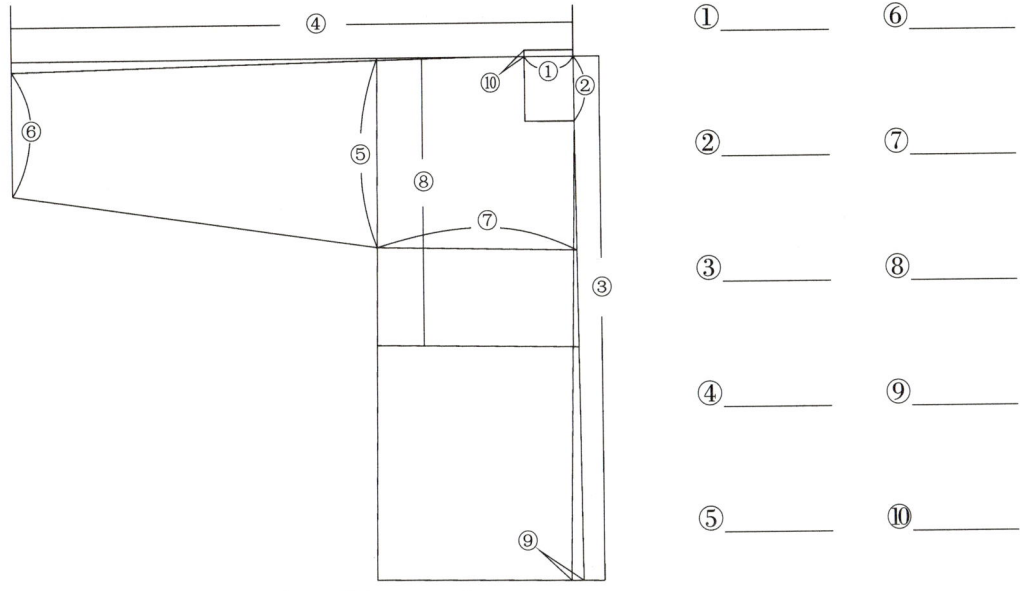

① _____   ⑥ _____

② _____   ⑦ _____

③ _____   ⑧ _____

④ _____   ⑨ _____

⑤ _____   ⑩ _____

六、简答题(3小题,共15分)

1. 为什么西服前领圈画成方角形?
2. 上装撇胸的作用是什么?其大小与哪些因素有关系?
3. 简述检查与复核样板的内容。

七、制图题(22分)

(一)绘制中山服前衣片

制图规格: 单位:cm

号型	部位	衣长	胸围	领围	肩宽	前腰节长
170/88A	规格	75	108	41	45	42.5

要求:

1. 用1∶5的比例绘制中山服前衣片结构图。(14分)
2. 图面整洁,图线清晰、分明、流畅,标注完整。

(二)绘制女西服袖片

制图规格: 单位:cm

号型	部位	袖长	胸围	AH
170/88A	规格	58.5	108	48

要求:

1. 用1∶5的比例绘制女西服袖片结构图。(8分)
2. 图面整洁,图线清晰、分明、流畅,标注完整。

参 考 答 案

第一章　服装结构制图依据

第一节　人体体型与人体测量练习题答案

一、填空题

1. 人体　　　人体运动规律
2. 7个半　　　7个
3. 颈部的形状
4. 后领脚宽　　　前领脚窄　　　后平前弯
5. 肩部
6. 前肩斜度　　　后肩斜度　　　后肩斜线　　　前肩斜线
7. 后腰节长　　　前腰节长
8. 收省　　　打裥　　　分割线
9. 曲腰身
10. 后袖山弧线　　　前袖山弧线
11. 后窿门　　　前窿门
12. 臀腰差的存在　　　腹部的浑圆　　　后臀的外凸
13. 膝关节
14. 长度　　　宽度　　　围度
15. 男体测量　　　女体测量　　　童体测量

二、解释术语

1. 人体测量是指测量人体有关部位的长度、宽度、围度等,它是服装结构制图时的直接依据。
2. 服装的放松量又称加放量。为了使服装适合于人体的各种姿态和活动的需要,必须在量体所得数据的基础上,根据服装品种、式样和穿着用途,加放一定的余量,即放松量。

三、判断题

1. ×　　2. ×　　3. √　　4. √　　5. √
6. √　　7. ×　　8. √　　9. √　　10. ×

四、选择题

1. B　　2. C　　3. D　　4. C　　5. A　　6. C

五、简答题

1. 人体颈部与衣领的关系主要从以下两方面理解:① 人体的颈部呈上细下粗不规则的圆台状,颈上部和头骨相连。从侧面观察,颈部向前呈倾斜状,下端的截面近似桃形。

② 颈部的形状决定了衣领的基本结构,由于颈部呈不规则的圆台状及向前倾斜的特点,所以领的造型基本上是后领脚宽、前领脚窄,上衣前后领的弧线弯曲度一般是后平前弯。又由于颈部上细下粗,因此衣领的规格是上领小,下领大。

2. 服装的放松量又称加放量。为了使服装适合于人体的各种姿态和活动的需要,必须在量体所得数据的基础上,根据服装品种、式样和穿着用途,加放一定的余量,即放松量。影响服装放松量的因素有:① 外套内衣服的总厚度;② 不同地区的生活习惯和自然环境;③ 款式特点需求;④ 衣料的性能和厚薄;⑤ 工作性质及其活动量;⑥ 个人爱好与穿着要求等。

第二节 服装成品规格与服装号型系列练习题答案

一、填空题

1. 要货单位　　服装成品规格
2. 人体净体规格　　人体活动因素　　服装造型因素
3. 衣长袖长　　裤长裙长　　胸围　　腰围臀围
4. 服装号型系列
5. 高度　　人体的身高　　服装长度
6. 围度　　人体胸围或腰围　　服装围度
7. 16~12 cm　　13~9 cm
8. 分档数　　系列数
9. 中间标准体　　递增　　递减
10. 165/88B
11. 控制部位　　放松量
12. 主要部位　　次要部位　　客户要求

二、解释术语

1. "号"指高度,以厘米表示人体的身高,是设计服装长度的依据。
2. "型"指围度,以厘米表示人体胸围或腰围,是设计服装围度的依据。

三、判断题

1. √　　2. √　　3. ×　　4. ×　　5. √　　6. ×　　7. √

四、选择题

1. B　　2. D　　3. B　　4. A　　5. B　　6. D

五、简答题

1. 服装成品规格的来源有:① 从测体取得数据获得服装成品规格;② 由要货单位提供数据编制服装成品规格;③ 按实物样品测量取得数据制订服装成品规格;④ 由服装号型系列中取得数据设计服装成品规格。

2. 一套服装仅有长度、胸围、腰围的适体还达不到整套服装适体的目的,同样在制作结构图时,仅有身高和胸围、腰围规格,也不能满足结构制图的要求,必须要有必不可少的几个部位的规格,才能制作整套服装的结构图,概括地说,服装成品规格是以控制部位数值加放不同的放松量来设计的。

第三节　服装款式、材料与缝制工艺练习题答案

一、填空题

1. 服装规格　　服装款式　　服装材料的性能
2. 服装款式　　材料质地性能　　缝制工艺
3. 实样　　纸样　　照片或图片　　款式设计画稿
4. 胸高点
5. 服装材料
6. 形变性　　形变性强　　形变性弱
7. 径向　　纬向
8. 斜丝绺
9. 标明方向
10. 2 cm　　1 cm
11. 归缩量

二、解释术语

1. 组合关系是指一件服装是由多个衣片和附件组合而成的,它们之间又是如何进行装配的,即采用的缝法及缝份的宽窄和配合时采用的归拔工艺等。
2. 组合形态是指各部位、部件的衣里、衣衬及其他辅料的组合关系。

三、判断题

1. √　　2. ×　　3. ×　　4. ×　　5. √　　6. ×　　7. √

四、简答题

① 确认基本款式;② 确认线条的形状及表达的意图;③ 确认服装的组合关系;④ 确认规格比例;⑤ 正确领会设计意图。

第二章　服装结构制图基础

第一节　服装结构制图工具练习题答案

一、填空题

1. 角尺　　软尺
2. 尺
3. 三棱尺　　三　　六
4. 常用曲线板　　服装专用曲线板
5. H　　HB　　B
6. 直尺　　角尺　　软尺　　比例尺

二、判断题

1. ×　　2. √　　3. ×

三、解释术语

服装专用曲线板,是根据服装结构制图中各部位弧线、弧度变化规律而制成的一种专供服装

制图中绘制各部位弧线的专用绘图工具。

四、简答题

直尺是服装结构制图的基本工具,服装制图上借助于直尺完成直线条的绘画,有时也辅助完成弧线的绘画。

角尺主要应用于服装制图中垂线的绘画。

软尺经常用于测量、复核各曲线、拼合部位的长度,以判断适宜的配合关系。

第二节 服装结构制图图线与符号练习题答案

一、填空题

1. 服装结构制图图线
2. 图线　　符号
3. 粗实线　　0.9 mm
4. 细实线　　0.3 mm
5. 　　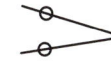
6. △　　○
7. ⌒
8. 画顺
9. 门襟　　里襟　　挂面
10. ∧
11. B　W　H　N　BP　NP　AH　BL　EL
12. 裆

二、解释术语

1. 翘势是指服装结构制图中水平线的上翘。
2. 过肩也称复势、育克。一般常用于男女上衣肩部上的双层或单层布料。
3. 分割是指根据人体曲线形态或款式要求在上衣片或裤子上增加的结构缝。

三、判断题

1. ×　　2. ×　　3. ×

四、简答题

1. 西裤前裤片横线条有脚口线、腰缝线、横裆线、臀围线、中裆线;西裤前裤片竖线条有侧缝直线、裆缝线、前烫迹线、下裆线。
2. 女衬衫前衣片横线条主要有上平线、衣长线、袖窿深线、腰节线、前领深线;女衬衫前衣片主要竖线条有止口直线、叠门直线、胸宽线、前胸围大线、横开领线。

第三节 服装结构制图的一般规定练习题答案

一、填空题

1. 制图比例　　尺寸标注　　计量单位

2. 图形的尺寸　　　服装部件
3. 笔画清楚　　　间隔匀称
4. 国家标准　　　准确　　　完整
5. 标注的尺寸　　　cm
6. 标题栏　　　服装款式图　　　服装款式图
7. 公制　　　市制　　　英制　　　公制
8. 11.4　　　90　　　3　　　88.9

二、判断题

1. ×　　　2. ×　　　3. ×　　　4. √　　　5. √　　　6. √

三、解释术语

服装制图比例是指制图时图形的尺寸与服装部件的实际大小的尺寸之比。

四、简答题

服装各部位和零部件的实际大小以图上所标注的尺寸数值为准。图纸中的尺寸，一律以cm为单位。服装制图部位、部件的每一尺寸，一般只标注一次，并应标注在该结构最清晰的位置上。

第四节　服装结构制图的方法练习题答案

一、填空题

1. 首道工序　　　立体裁剪　　　平面裁剪
2. 实量制图法　　　比例分配制图法　　　实量制图法
3. 原型制图法　　　基型制图法
4. 1/6 胸围　　　1/2 肩宽　　　1/4
5. 稳定性
6. 几何作图　　　公式计算　　　转移与折叠
7. 扇面形法则　　　两直角边的比值法则

二、解释术语

1. 六分法是比例分配制图法的一种，即以胸围的1/6为主要基数，推导其他部位尺寸的制图方法。
2. 比值是指取自于直角三角形两直角边的数值，它代表一个角度。

三、判断题

1. ×　　　2. ×

四、简答题

1. 相同点：两者都以平面展开图作为各种服装款式变化的基本图形，然后根据款式、规格的要求，在图上有关部位采用调整、增删、移位、补充等方法画出各种款式的服装平面结构图。

不同点：原型制图法的基本图形主要是在人体净胸围基础上加上固定的放松量，以此为基数推算绘制，而各围度的放松量待放。基型制图法主要由服装成品胸围推算绘制，各围度的放松量不必再加放。因此，同样在基本图形上出样，原型制图法必须考虑到各围度放松量和款式差异两个因素，而基型制图法只要考虑款式差异即可。

2. 服装结构制图的平面展开是由直线、直线和弧线的链接构成衣片的外形轮廓及内部的衣缝分割。制图时,一般先定长度,后定围度,即先用细实线画出横竖的框架线。而横线和竖线的交点就是定寸点,两个定寸点之间的距离,就是这一部位的注寸距离。制图中的弧线,是根据框架和定寸点相比较后画出的。因此,可将制图步骤归纳为"先横后竖、定点画弧、定位"。

第三章　服　装　裁　剪

第一节　服装裁剪的基础知识练习题答案

一、填空题

1. 服装裁剪
2. 商业服务性单件量体裁剪　　　工业性批量裁剪
3. 织纹　　　花纹、色泽　　　提花、提条花纹　　　布边　　　出厂印章
4. 平纹　　　斜纹　　　缎纹
5. 自然缩率　　　干烫缩率　　　喷水缩率　　　水浸缩率
6. 径向　　　纬向
7. 主要裁片
8. 机械强力　　　织物经纬密度

二、解释术语

1. 开剪是指按画样线条把面料剪成裁片。
2. 钻眼是指打在裁片上作定位标记的孔眼。
3. 丝缕是指织物的径向、纬向、斜向,行业中称为直丝缕、横丝缕、斜丝缕。
4. 对刀是指眼刀与眼刀相对或眼刀与衣缝相对。
5. 失出是指某些疏松的面料,经开剪后经纬纱一根根失落出来。

三、判断题

1. √　　2. ×　　3. √　　4. ×　　5. √　　6. ×
7. ×　　8. ×　　9. ×　　10. ×　　11. ×　　12. ×

四、简答题

1. 织物缩水的原因是由于织物本身具有吸湿性,并在织造过程中受到牵伸和弯曲,经过印染受到伸长和拉宽,使纤维或纱线不断受到外力的作用而变形,在干燥时暂时稳定,但遇到水分和加热后变形部位急速复原,于是造成剧烈收缩。

2. ① 斜纹织物可分为纱织物和线织物两种。
② 纱织物和线织物斜纹的正反面纹路都比较明显,正面纹向为一撇的是线织物,纹向为一捺的是纱织物。
③ 缎纹织物分为经面缎纹和纬面缎纹两种。经面缎纹的正面经纱浮出较多,纬面缎纹的正面纬纱浮出较多。缎纹组织的正面比较平整并富有光泽,反面织纹不明显,光泽比较晦暗。

3. ① 织物的经纬斜向,在行业中称为直丝缕、横丝缕和斜丝缕。

直丝绺自然垂直、挺拔,不易伸长变形,一般上衣和裤子的长度选用直丝绺,以使上衣的门襟平服,后背方登,烫迹线垂直挺拔。服装零部件的挂面、腰面、袋嵌线一般选用直丝绺,并利用直丝绺做牵带,起牵制和固定位置的作用。

② 横丝绺略有伸长,围成圆势时窝服自然、丰满。选用横丝绺做带盖,能使袋盖窝服贴身。

③ 斜丝绺伸缩性大,富有弹性,易弯曲延伸,适宜做喇叭裙。在女装中常用斜丝原料做滚条。斜向以45°的正斜性能最合适。

第二节 单件裁剪练习题答案

一、填空题

1. 准备工作　　合理排料　　画样　　开剪　　扎包
2. 任务单　　核算用料　　整理面料
3. 外形轮廓　　内部分割结构　　比例　　线条形状
4. 正反面　　缩水率　　矫正丝绺　　熨烫面料
5. 纤维成分　　组织结构　　吸湿性　　织造过程
6. 喷水潮湿　　手工拉　　熨烫
7. 排列紧凑　　减少空隙
8. 部件　　零部件
9. 凸套凹　　直对直、斜对斜　　三先三后
10. 先横后竖　　定点画弧定位
11. 面料　　辅料
12. 进刀　　出刀
13. 进刀方便　　出刀顺手
14. 从上到下　　从外到里　　转手
15. 0.4～0.5 cm
16. 改用料数＝原用料数×原用料门幅÷改用料门幅

二、解释术语

开剪线路是指裁剪时剪刀的进刀和出刀的程序。

三、选择题

1. A　　2. B　　3. A　　4. C　　5. B

四、判断题

1. ×　　2. √　　3. ×　　4. √　　5. √
6. ×　　7. ×　　8. √　　9. ×

五、简答题

1. 合理拼接是为了提高面料的利用率。按有关技术标准规定,拼接必须做到如下几点:

① 尽可能减少缝纫麻烦;② 符合产品款式所允许的拼接范围和丝绺规定;③ 取得穿着者的许可;④ 拼接部位注明对刀标记。

2. 准:就是准确。包括规格准、款式准、组合准,各部位的定位标记必须定准。

全:就是裁片和零部件要画全,不能遗漏。眼刀、钻眼和定位标记也要完整。

第三节　批量裁剪练习题答案

一、填空题

1. 生产工序　　流水作业
2. 长度　　宽度　　分档
3. 色差　　纬斜　　疵点
4. 织补　　纬斜
5. 30 层　　200 层
6. 先开外口　　后开里口　　零部件　　大片
7. 包编号　　件编号　　边缘缝份

二、判断题

1. ×　　2. ×　　3. √

三、简答题

1. 批量裁剪的工序主要有：① 数量复核、验料和整理；② 裁剪工艺，包括画样、铺料、开裁；③ 验片；④ 编号、扎包。
2. ① 来回和合铺料方式；② 单层一个面向铺料方式；③ 冲断翻身和合铺料方式；④ 双幅对折铺料方式。
3. ① 用样板校对裁片的规格和曲线、弧度、弯度，以及眼刀、钻眼等；② 将同刀裁片的最上层与最下层裁片相比，检查上下裁片是否准确，是否有大小、歪斜、进出；③ 按各类产品技术要求标准核对各部位疵点、色差允许存在的范围，目测裁片表面的色条、斑渍、破损、织疵等。

第四章　女裙结构制图练习题答案

一、填空题

1. 直裙　　斜裙　　裥裙　　节裙
2. 旗袍裙　　一步裙　　西服裙
3. 平直　　腰臀　　紧窄　　微宽
4. 1~2
5. 凡立丁　　女衣呢
6. 百裥裙　　皱裥裙　　对合裥裙　　马面裙
7. 宽大　　喇叭　　喇叭裙
8. 外展式　　外斜式
9. 收省　　打裥　　斜丝缕　　动感　　波浪
10. 直　　无省　　细裥
11. 薄型柔软类面料　　丝绸　　仿真丝
12. 质地性能　　款式效果
13. 折叠法　　折去省份　　比值移位
14. 鱼尾　　纵向分割　　弧线分割　　六片式　　八片式
15. 连腰　　装腰

16. 偏斜度

17. 控制臀围　　　不控制臀围

二、选择题

1. B　　2. A　　3. C　　4. A　　5. C　　6. B　　7. C

三、判断题

1. ×　　2. ×　　3. ×　　4. √　　5. √　　6. ×　　7. ×

8. √　　9. ×　　10. ×　　11. ×　　12. ×　　13. √

四、解释术语

1. 指直线的偏进，如上衣门、里襟上端的偏进量。

2. 指直线的偏出，如裤子侧缝捆势，指后裤片在侧缝线上端处的偏出量。

3. 阴裥是折在衣片内部的折裥。

4. 服装号型是根据正常人体的规格和使用需要，选出最有代表性的部位经合理归并设置的，号指高度，型指围度。

五、改错题

1. 直裙在下摆处要起翘，中腰口处也要起翘。

2. 直裙前、后裙片的腰口省长分别是 11 cm 和 13 cm。

3. 直裙的后开衩位置应在臀围线下 23 cm。

4. 一步裙的下摆，在底边处由臀围大线向内收进 2 cm。

5. 省量大则长，省量小则短。

6. 直裙的摆围大，一般较侧缝直线偏进 2 cm。

六、填图题

1. ① 1 cm　　② 2 cm　　③ H/4　　④ 13 cm　　⑤ W/4　　⑥ 23 cm

2. ① 0.7　　② 0.7　　③ 1~2.5　　④ 裙长−腰宽　　⑤ r＝w/π

七、问答题

1. 直裙后中腰口比前腰口低落 1 cm 左右，其原因与女性的体型有关。侧观人体，可见腹前凸，而臀部略有下垂，致使后腰至臀部之间的斜坡显得平坦，并在上部略有凹进，腰际至臀底使整个裙腰处于前高后低的非水平状态。在后中腰口低落 1 cm 左右，就能使裙腰部处于良好状态，至于低落的幅度，具体应根据体型与合体程度加以调节。

2. 直裙属于紧身裙，由于人体存在臀腰差，为使裙子合体美观，制图时除了在腰口进行收省外，还需在侧缝线腰口处加劈势以分散省量。因劈势的存在，使起翘成为必然，如果不进行起翘处理，前后裙身侧缝拼接后，在腰缝处会产生了凹角，劈势越大，凹角越大，而起翘的作用就在于能将凹角填补。

3. 直裙包括在裙摆两侧开衩的旗袍裙，后面中间下端开衩的一步裙，裙前面中间缝有阴裥的西服裙等。

4. 直裙裙身平直，裙上部符合人体腰臀的曲线形状。它的外形是腰部紧窄贴身，臀部微宽，外形线条优美流畅。

5. 斜裙因斜丝部位造成前后中缝伸长，致使裙摆不圆顺，依次制图时应将其伸长部分扣除。因面料质地性能不同，伸长的长度也不一样，因此要酌情扣除，一般需扣除 2 cm 左右。

6. 斜裙的腰口是斜丝绺易伸展,而缝纫时又因造型需要要略伸开,因此,制图时在两侧缝线处劈去一定的量,量的大小要视原料质地性能而定。还可以采取将裙腰口的规格减小的方法,达到相应的目的,但一定要使成品后的腰围符合规格要求。

7. 斜裙腰口小,裙摆宽大呈喇叭形,腰部不收省也不打裥,利用面料的斜丝绺裁制,腰部以下呈自然波浪,这是与直裙明显的不同点。

8. 鱼尾裙裙摆展宽高度与裙造型变化的关系:裙的造型在纵向分割的前提下,可分为控制臀围与不控制臀围两种类型。在不控制臀围的条件下,裙的纵向分割呈斜直线状态;在控制臀围的条件下,裙的纵向分割呈弧线状态。在弧线状态中,当展宽始点高度处于臀高线处时,裙的下摆展开似喇叭花;当展宽始点高度处于臀高线以下一定位置时,裙的下摆展开似鱼尾,依裙摆展宽点高度不同会形成裙造型变化。鱼尾裙裙摆展宽高度范围应在臀高线以下,膝围线以上。

9. 直裙开衩高度的定位与人体的活动密切相关。开衩高度一般在臀高线下23 cm左右,由于臀高线下9 cm左右是大腿根部,为了避免不雅观,开衩高度在臀高线的23 cm是较恰当的,如果降低开衩高度应视裙的款式要求及满足人体活动的需要而定。

10. 裙腰造型一般可分为高腰、中腰和低腰三种类型。裙腰造型变化的相关因素主要是腰口线的高低变化。当腰口线高于人体中腰线时,腰的造型为高腰;当腰口线处于人体中腰线时,腰的造型为中腰;当腰口线低于人体中腰时,腰的造型为低腰。裙腰的造型变化呈现以下规律:高腰时,裙腰的造型为倒梯形;中腰时,裙腰的造型为矩形;低腰时,裙腰的造型为梯形。

11. A型裙因其形似"A"字而得名,同时也说明此裙的重要特征是侧缝有偏斜度,但其偏斜度应有一定范围,这主要是由 A 字裙的造型所决定的。A 字裙的侧缝偏斜度应控制在大于直裙,小于斜裙范围内。同时,为了满足臀围围度的需要,还可以利用腰口省来进行调节。

八、绘图题

略。

第五章　西裤结构制图练习题答案

一、填空题

1. 体侧髋骨　　　3
2. 1~2　　　7~10
3. 上平线　　裤长线　　横裆线　　臀围线　　中裆线　　垂直
4. 臀围线　　下平线　　4
5. 臀围线　　15∶3.5
6. W/4−1+裥　　H/4−1　　0.4/10H　　脚口−2
7. 臀腰差　　后裤片长　　省量　　裤的造型
8. 1
9. H/10　　W/4+1+省
10. 侧缝袋布　　袋布　　里襟　　裤腰
11. 3 cm　　15 cm
12. H/4−1　　H/4+1
13. 2~3

14. 上平线　　　裤长线　　　横裆线　　　臀围线　　　中裆线　　　垂直
15. 1
16. H/10　　　W/4+1+省
17. 臀腰差
18. 裤长　　　上裆长　　　腰围　　　臀围　　　脚口
19. 8~11
20. 裤腰　　　裤袢　　　表袋布及垫底　　　前袋布及垫底
21. 低于　　　腰节
22. 臀围线　　　15∶3.5
23. 1　　　3　　　4
24. W/4+0.5　　　W/4-0.5+省　　　0.04H　　　0.1H
25. 贴体紧身　　　斜　　　牛仔布
26. 4　　　15
27. W/4-0+裥　　　W/4+1+省　　　脚口-3.5

二、判断题

1. √　　2. √　　3. ×　　4. √　　5. √　　6. √
7. ×　　8. ×　　9. ×　　10. ×　　11. √　　12. √
13. ×　　14. √　　15. ×　　16. √　　17. √

三、选择题

1. C　　2. B　　3. A　　4. C　　5. C　　6. B　　7. B　　8. D
9. C　　10. A　　11. C　　12. B　　13. C　　14. C　　15. B　　16. C

四、解释术语

1. 裤后片比前片倾斜下移的程度,俗称捆势。
2. 根据体形需要作出的折叠部分,不必缝合,称折裥;折叠并要缝合起来的称省。
3. 裤子或上衣锁纽眼处为门襟,钉扣处为里襟。
4. 直线与弧线连接或弧线与弧线的连接。
5. 裁剪线与基本线的距离。
6. 底边、袖口、裤腰与基本线的距离。

五、问答题

1. 后裆缝斜度是指后缝上端的偏进量。后裆缝斜度大小与臀腰差的大小、后裤片省的多少、省量大小、裤的造型(紧身、适身、宽松)等诸因素有关。臀腰差越大,后裆缝斜度越大,反之越小;后裤片一个省或省量较小时,后裆斜度酌情增加;后裤片两个省或省量较大(包括收裥)时,后裆缝斜度酌情减小。从西裤的造型上看,宽松型西裤由于合体度要求不高而臀围放松量较大,因此后裆缝斜度小于适身型西裤,而紧身型由于合体度要求高而大于适身型西裤。后翘是指后腰缝线在后裆缝上的抬高量。后翘是与后裆缝斜度并存的,如果没有后翘则后裆缝拼接后会产生凹角,因此,后翘是使裆缝拼接后后腰口顺直的先决条件,后裆缝斜度与后翘成正比。

2. 女西裤后片裤缝低落数值是因后下裆缝线的斜度大于前下裆缝线斜度引起的,由此造成后下裆缝线长于前下裆缝线,以后裆缝低落一定数值来调节前后下裆缝线的长度,低落数值以前后下裆缝线等长即可,同时要考虑面料因素和采用的工艺方法等。

3. (1) 男、女体型差别(指腰部以下)使男性臀腰差小于女性,因而男性两侧(腰至臀)的弧度小于女性;男性的腰围、臀围、腿围一般大于女性;男性臀部与腹部较女性平。

(2) 由于体型的差别,反映在西裤制图结构上的区别在裥、省的收量上男裤小于女裤;前后侧缝的弧度男裤小于女裤;男裤的控制部位规格大于女裤;男裤前裆缝与前侧缝的劈势量小于女裤。

(3) 款式上的区别:① 开门:男裤为前开门,女裤有侧开门和前开门两种;② 裤腰:一般男裤裤腰略宽于女裤裤腰(高腰与宽腰除外);③ 后袋:男裤设后袋,女裤一般不设后袋;④ 裥省:一般男裤前片设裥,而女裤前片也可设省。

4. 前裆缝在腰口处劈势量与前裤片在腰口折裥量的大小有关。前裤片腰口折裥量大,则劈势量相应趋小;前裤片腰口折裥量小,则劈势量相应趋大。一般当前裤片腰口为双折裥时,劈势量控制在 0.5~1 cm,当前裤片腰口为无裥时,劈势量控制在 1.5 cm 左右,劈势量一般女裤大于男裤。

5. 一般前袋类型有侧缝直袋、斜插袋、横开袋,不同的袋型应配以不同的前折裥。如侧缝直袋适宜在双折裥或单折裥条件下应用,如果在无折裥的条件下应用,因其合体程度高,侧缝上端劈势大等因素,侧缝直袋的实用性较差。斜向和横向类型的袋,适宜在单折裥或无裥的条件下应用,因其袋型占去前腰口一定位置,使裥的位置被占,所以减少裥数来使其平衡。因此,袋型是决定前折裥数量的一个不可忽视的因素。

6. 适身型西裤的腰围分配为前裤片 1/4 腰围-1 cm;后裤片 1/4 腰围+1 cm。紧身型西裤的腰围分配为前裤片 1/4+(0~1 cm)左右;后裤片 1/4-(0~1 cm)左右。原因是适身型西裤腰口设裥、省,而紧身型西裤腰口不设裥、省,如按适身型腰围分配方法则会出现前片腰口劈势过大,所以与后片腰围互借,以使紧身型西裤腰口的劈势控制在适量的范围内。

7. 一般情况下,西长裤后裆缝低落数值基本上在 1 cm 之内波动,西短裤则可在 1.5~3 cm 的范围内波动。其原因是,首先在西短裤的后裤脚口上取一条横向线,可以看到横向线与后下裆缝线的夹角大于 90°,这主要是后下裆缝有一定的斜度所致,而前下裆缝的斜度较小,因此前脚口线上横向线与前下裆缝的夹角接近于 90°。一旦前、后下裆缝缝合后,下裆缝处脚口会出现凹角。现在将后裤脚口上的横向线处理成弧形,使其与后下裆缝夹角保持 90°,就能使前后脚口横向线顺直连接,但修正后的后下裆缝长于前下裆缝,因此要增大后裆缝低落数值。由此可知,后裆缝低落数值与后下裆缝的斜度成正比,而后下裆缝的斜度与裤长和脚口大小有关。

8. 宽松裤子,臀部宽松,意味着夸张了人体的臀部,这时合体不再是第一需求,其臀围的增大并不是臀围丰满程度造成的,而是因为臀围放松量大了,为避免由于臀围放松量对后裆斜度的过度影响,造成横裆部位过于宽松,在制图时宽松型裤子后裆缝斜度应比适身型裤子小,减小的程度与臀围的放松量成正比。

9. 西裤中裆高度的定位与裤造型变化有较密切的关系,教材中中裆定位方法是以臀高线至下平线距离的 1/2 处作为基本点。宽松型裤子中裆高度应在基本点以下 0~2 cm 之间,适身型裤子中裆高度应在基本点以上 2~4 cm 之间,紧身型裤子中裆高度应在基本点以上 4~6 cm 之间。

六、绘图题

略。

第一单元测试题答案

一、填空题

1. 人体　　人体运动规律
2. 收省　　打裥　　分割线
3. 人体净体规格　　人体活动因素　　服装造型因素
4. 分档数　　系列数
5. 服装结构制图图线
6. 直裙　　斜裙　　裥裙　　节裙
7. 体侧髋骨　　3
8. 连腰　　装腰
9. 外展式　　外斜式
10. 1

二、选择题

1. B　　2. B　　3. B　　4. C　　5. C
6. B　　7. C　　8. C　　9. B　　10. B

三、判断题

1. √　　2. √　　3. ×　　4. ×　　5. ×
6. ×　　7. √　　8. √　　9. ×　　10. √

四、解释术语

1. 分割是根据人体曲线形态或款式要求在上衣片或裤子上增加的结构缝。
2. 丝缕是指织物的径向、纬向、斜向,行业中称为直丝缕、横丝缕、斜丝缕。
3. 劈势是指直线的偏进,如上衣门、里襟上端的偏进量。

五、填图题

1. ① 1 cm　　② 2 cm　　③ H/4　　④ 13 cm　　⑤ W/4　　⑥ 23 cm
2. ① 0.7　　② 0.7　　③ 1~2.5　　④ 裙长-腰宽　　⑤ r=w/π

六、简答题

1. 人体腰差的存在,使裙侧缝线在腰口处出现劈势,因劈势的存在,使起翘成为必然,因为侧缝有劈势使得前、后裙身拼接后,在腰缝处产生了凹角。劈势越大,凹角越大,而起翘的作用就在于能将凹角填补。

2. 后裆缝斜度是指后缝上端的偏进量。后裆缝斜度大小与臀腰差的大小、后裤片省的多少、省量大小、裤的造型(紧身、适身、宽松)等诸因素有关。臀腰差越大,后裆缝斜度越大、反之越小;后裤片一个省或省量较小时,后裆斜度酌情增加;后裤片两个省或省量较大(包括收裥)时,后裆缝斜度酌情减小。从西裤的造型上看,宽松型西裤由于合体度要求不高而臀围放松量较大,因此后裆缝斜度小于适身型西裤,而紧身型西裤由于合体度要求高而大于适身型西裤。后翘是指后腰缝线在后裆缝上的抬高量。后翘是与后裆缝斜度并存的,如果没有后翘则后裆缝拼接后会产生凹角,因此,后翘是使裆缝拼接后后腰口顺直的先决条件,后裆缝斜度与后翘成正比。

3. 中裆高度定位与裤造型变化有密切的关系。本教材中裆定位方法是:臀高线至下平线的距离的中点为基本点,设基本点为零。当中裆高度处于 0~2 cm 之间时,裤造型为宽松型;当中裆高度高于基本点 2~4 cm 时,裤造型为适身型;当中裆高度高于基本点 4~6 cm 时,裤造型为紧身型。

七、绘图题

略。

第六章　衬衫结构制图

第一节　女衬衫练习题答案

一、填空题

1. 衣片　　　衣袖　　　衣领　　　领脚的装与连　　　下摆的方与圆
2. 身高(号)的 1/4
3. 人体颈肩点　　　乳峰点　　　穿着层次的厚度(颈肩处的穿着层次)
4. 角度控制肩斜　　　计算公式控制肩斜
5. 人体胸部挺起因素　　　侧缝偏斜度因素
6. 略大于
7. 衣长+袖长+4 cm = 124 cm
8. 0.2~0.5

二、选择题

1. B　　2. A　　3. D　　4. B　　5. B

三、判断题

1. √　　2. ×　　3. ×　　4. √　　5. ×

四、填图题

① 标准领口圆　　② 驳口线　　③ 领驳平直线　　④ $h+h_0$　　⑤ $0.9\,h_0$

⑥ $2(h+h_0)$　　⑦ $0.8\,h_0$

五、简答题

1. 衣领依赖于前领圈制图的合理性在于:① 领底线与前领圈的转折点位置清楚;② 衣领的造型一目了然;③ 领底线前端的曲线和领圈吻合;④ 领底线凹势的确定有依据。

2. 后小肩线略长于前小肩线的原因是通过后小肩的略收紧,满足人体肩胛骨隆起及前肩部平挺的需要。后小肩线略长于前小肩线的控制数值于人体的体型、面料的性能及省缝的设置有关,一般控制在 0.5~1 cm 之间。

3. ① 袖山弧线总长与预定的长度容易接近,保证了袖山弧线总长与袖窿弧线总长之差约等于所需的袖山弧线吃势量,因此,大大提高了精确度;② 可调节袖肥宽与袖山高的大小,给袖的造型带来了灵活性。

4. 确定的方法是在平面结构图中安放一个假想的标准领口圆,然后通过驳口点做一条标准领口圆的切线(即驳口线),使其与上平线相交,这个相交点即为所求的领基点。根据经验和测算,标准领口圆的边界至颈肩点的距离应近似 $0.8\,h$(领脚高)。

六、绘图题

略。

第二节 连衣裙练习题答案

一、填空题

1. 上衣　　裙子
2. 腰围剪接式　　腰围无剪接式
3. 5
4. 低腰　　中腰　　高腰
5. 收腰式　　扩展式　　直腰式

二、解释术语

1. 凹势：为了便于画顺领圈、袖窿、袖山头等所标尺寸。
2. 止口：服装的门里襟、领子、腰头等衣缝部的贴边。

三、选择题

1. B　　2. A　　3. A

四、判断题

1. ×　　2. √　　3. ×　　4. ×　　5. ×
6. ×　　7. ×　　8. ×　　9. ×

五、简答题

1. 用料公式：衣裙长＋裙长－5 cm
   　　　　＝109＋70－5
   　　　　＝174 cm

答：用料是 174 cm。

2. （1）腰围剪接式连衣裙按其剪接位置的不同可分为低腰剪接式、中腰剪接式及高腰剪接式三种类型。

（2）低腰剪接式剪接的位置一般在臀围线上下波动；中腰剪接式剪接的位置一般在人体的腰围部波动；高腰剪接式一般在腰围线与胸围线间波动。

六、绘图题

略。

第三节 男衬衫练习题答案

一、填空题

1. 平整挺直　　内衣　　西服　　外衣
2. 尖式立翻领　　左胸　　圆装袖　　袖头　　折裥
3. 放松量　　适宜　　流行
4. B/5＋1 cm　　B/5＋4 cm＋裥量

二、选择题

1. A　　2. A　　3. B　　4. A

三、判断题

1. ×　　2. ×　　3. ×　　4. √　　5. ×　　6. ×　　7. ×　　8. ×

四、填图题

① N/2　　② 4　　③ 3　　④ 0.8　　⑤ 2.5　　⑥ 1.7　　⑦ 2

五、问答题

1. 装脚领与连脚领衣领的领圈形状的区别在前领圈。装领脚衣领的领圈，在各段基本呈弧线状态，而连领脚衣领的领圈，在近叠门处的一段为直线。原因是连领脚衣领的领脚与翻领部分是相连的，翻领放下后，领圈被遮盖住，所以可以将领圈修改成各种形状，如西服领的领圈是方角形的领圈，此外连领脚衣领近叠门处一段处理成直形，能与衣领前面一段的领底线重合，为工艺装配带来方便。而装领脚衣领的颈部形状要与人体颈根部的形状相近，因此装领脚衣领的领圈应处理成均匀的圆弧形，以求与人体颈根部形状相一致。

2. 男衬衫袖口开衩的位置位于手臂的外弯线是比较理想的。如果袖口不收裥，则开衩位置定在袖口的 1/4 处；袖口收细裥时，开衩位置也在袖口的 1/4 处（因细裥是均匀分布的）；袖口收裥时，开衩位置定在减去折裥量后的袖口 1/4 处。

3. 因为男衬衫在夏季做外衣穿着时，衣领敞开，如第一至第二粒扣距离与其他纽位一样，就会显得衣领敞口太大，所以要略减短第一至第二粒纽位间的间距。此外，衬衫面料薄而软，衣领硬挺，这样可使衣领具有张开的趋势。

4. 一般上装胸袋口近袖窿处为使视觉平衡，均略向上倾斜，但在男衬衫中不采用上斜的方法，处理成平的袋口。因为男衬衫属宽松造型，同时上下袋口一样大，因而穿着时袋口在视觉上会有一定的倾斜度。

六、绘图题

略。

第四节　衬衫款式变化练习题答案

一、填空题

1. 领型、袖型、省型
2. 开门型衣领　　关门型衣领
3. 袖山细裥收缩型　　袖山折裥收缩型　　袖山收省型
4. 胸高点

二、选择题

1. C　　2. A　　3. C　　4. C

三、判断题

1. ×　　2. √　　3. ×

四、问答题

1. 同为短袖造型，有时袖口呈直线型，有时呈弧线型，其原因是与袖肥和袖口的差数有关，在袖肥宽不变的前提下，袖口越小，则袖底线的斜度越大，袖底线与袖口线的夹角越大于 90°，从而越容易使袖底线处的袖口产生凹角，将袖口线处理成弧线，可较好地弥补凹角。袖口越大，袖底线的斜度越小，将袖口线处理成直线型，而在袖底线处略带弧线，以保证袖口线与袖底线接近 90°。

2. 前后腰节长度差在女装结构中的处理要点：

(1) 体型差异。因乳胸隆起的高度差异而表现为：① 乳胸隆起较高时，前腰节长于后腰节；

②乳胸隆起较低时,前腰节略短于后腰节;③乳胸隆起高度处于前述中间时,前腰节等于后腰节。

(2)服装合体程度差异。因服装合体程度差异而表现为:①服装合体程度较高时,前腰节长于后腰节;②服装合体程度(宽松时)较低时,前腰节略短于后腰节;③服装合体程度处于前述中间状态时,前腰节等于后腰节。

五、绘图题

略。

第七章　　两用衫结构制图

第一节　女两用衫练习题答案

一、填空题

1. 式样变化　　　部位变化
2. 14～16 cm
3. 腰节
4. 前中心线上端偏进的量
5. S/2-0.7 cm
6. B/10+4 cm

二、选择题

1. B　　2. C　　3. B　　4. B

三、判断题

1. ×　　2. ×　　3. √　　4. ×　　5. ×　　6. √
7. ×　　8. ×　　9. ×　　10. ×

四、填图题

① 0.5 cm　　② 1.5 cm　　③ 0.5 cm　　④ 2 cm　　⑤ 0.5 cm
⑥ 0.5 cm　　⑦ 0.5 cm

五、简答题

1. 两片袖的拼缝偏离里外侧弯线一定的距离,其目的是为了不使袖拼缝过于显露。前偏量及后偏量的大小,应取决于袖的弯势形状和面料的性能。如果款式要求袖片造型具有里外侧弯势,则偏量不宜太大;如果款式要求袖片造型具有里外侧弯势呈直线型,则偏量可以较大,一片式衣袖就是达到最大偏量的典型例证。如果面料质地疏松的,偏量可以大些;面料质地紧密的,则偏量不宜太大。根据传统习俗,男女装均有一定的前偏量,而后偏量则男装衣袖一般仅在上部有较小的后偏量;女装衣袖则有一定的后偏量。一般情况下,前偏量大于后偏量。

2. 对于适身型与紧身型服装来说,在面料没有弹性的条件下,应收胸省以达到合体的目的。但对于宽松型服装来说,由于客观上合体要求不高,且围度放松量相对较大,因此,可以收较小的胸省甚至无省,前片不收胸省的条件是胸围的放松量应大于适身型服装。

六、绘图题

略。

第二节 夹克衫练习题答案

一、填空题

1. 短于　　放松量大　　22~35
2. 下摆/2　　5
3. 15∶6　　15∶5
4. 23.8

二、选择题

1. B　　2. D　　3. A

三、判断题

1. √　　2. ×　　3. ×　　4. ×　　5. ×　　6. ×

四、问答题

1. 宽松型男上衣与基础型男上衣肩斜度的不同之处是：宽松型的服装应体现在整件服装上，由于胸围放松量的增加，使胸宽、背宽相应增加，因此，与基础型男上衣相比，宽松型上衣的肩宽应适当增加，而肩斜则相应减小，以使整件衣服协调美观。

2. 男上衣的基础肩斜度为前肩斜22°，即15∶6；后肩斜为18°，即15∶5。如果是宽松型男上衣，则前肩斜应小于22°，后肩斜小于18°。

五、绘图题

略。

第三节 两用衫款式变化练习题答案

一、填空题

1. 省缝　　实用性　　装饰性
2. 线条　　分割线
3. 部位分割　　方向分割　　形式分割
4. 组合型分割
5. 弧线

二、选择题

1. A　　2. C　　3. A　　4. B　　5. D　　6. A

三、简答题

1. 贴袋的前侧线与前中线保持平行的主要原因是为了达到整齐、美观的效果，否则会给人视觉上的凌乱感，从而破坏了整体的平衡。与此同时，在无特殊条件下，前中线与袋的前侧线取经向，以便工艺制作。

2. 分割线的数量变化常见的是一片衣片上设置一条分割线，但有时为满足款式要求，可以增添分割线，如为了使腰部吸腰量均匀、平衡，设置两条或两条以上的分割线。裙子的裙片为了使波浪均衡，有时也采用增添分割线的方法，其主要目的是符合服装款式造型的变化要求。

四、绘图题

略。

第八章　西服结构制图

第一节　女西服练习题答案

一、填空题

1. 12~14
2. $B/6+2$ cm　　肩端点
3. $N/5+0.2$ cm　　$S/2-0.7$ cm
4. 1　　10~12　　15:2　　胸高点
5. 6　　1.5　　$B/10+4$ cm
6. 领圈　　角度移位法
7. 垂直
8. 号$/5+1$ cm
9. 线条流畅　　造型优美　　适身合体
10. 1　　1.5　　4

二、选择题

1. C　　2. C　　3. B　　4. A　　5. B　　6. D

三、判断题

1. ×　　2. ×　　3. √　　4. √　　5. ×　　6. √

四、填图题

1. 略。
2. ① $0.9\ h_0$　　② $2(h-h_0)$　　③ $h+h_0$　　④ 后领圈弧线长
　　⑤ $0.8\ h_0$　　⑥ 4 cm　　⑦ 3 cm　　⑧ 4 cm

五、问答题

1. 女西服采用领胸省的原因是：女西服要求穿着合体，线条柔和流畅，整体性强。加收领胸省，一方面可使西服胸部饱满，适合女性体形的客观要求；另一方面，当西服驳头驳倒后，领胸省省缝被完全掩盖而不破坏服装的整体效果，特别是对有明显条纹和图案的面料尤为适用。但这并非是绝对的，对于某些西服，为达到特定的设计要求，也可采用其他胸省形式。

2. 西服前领圈画成方角形的原因主要有以下几个方面：
（1）驳领领圈一般不外露，画成方角形不影响外观效果。
（2）缝制方便且准确，其角点可作为定位标记，减少绱领误差。
（3）画成方角形，可是西服串口线挺直，而且便于领里和领面串口线错位，可减小串口厚度。

六、绘图题

略。

第二节　男西服练习题答案

一、填空题

1. 13~20

2. B/6+1.5 cm　　　　B/6+2.5 cm

3. 2.5　　　1.5　　　　0.05B+5 cm　　　2.3

4. B/10+5 cm　　　5.5　　　肚　　　0.8

5. 2.5　　　平齐

6. 腰节线上　　　腰节线下 10 cm

7. 2/3　　　2

8. 前腰节长/5

9. 4

10. 1

二、判断题

1. √　　2. ×　　3. √　　4. √　　5. ×　　6. √　　7. √　　8. ×

三、填图题

1. ① 8 cm　　② 2.5 cm　　③ 1 cm　　④ 4 cm　　⑤ 1 cm　　⑥ 0.5 cm

⑦ 黑炭衬　　⑧ 针刺棉

2. ① 2.5 cm　　② N/5+0.5 cm　　③ 前小肩+0.7 cm　　④ B/6+2.5 cm

⑤ 2 cm　　⑥ 1 cm

四、问答题

1. 男西服腋下省延长并直通到底的作用是：

(1) 调解腰省。由于袋口要剖开,原来腰省下端的省尖变成了可随意变化的空当,空当使腰省能够自如地调节,女装也同样适用。

(2) 调节省尖处的不平服。由于袋口要剖开,原来的腰省省尖和腋下省省尖消失,从而使大袋处产生自然平服的效果。

(3) 调节腹臀部大小。由于腋下省延长并直通到底,给腹臀围的调解带来了方便。

2. 男西服款式造型相对稳定,其变化主要表现在以下部位:① 驳头,主要有平驳头和戗驳头两种;② 驳头的长短和宽窄,驳头宽窄可根据流行情况、个人爱好或设计要求自行调整,驳头长短一般受纽数的影响,长驳头西服为一粒扣,中长西服一般为二粒扣,短驳头一般为三粒扣;③ 叠门,根据叠门大小不同可分为单排扣和双排扣;④ 袋型,可以贴袋,也可以挖袋;⑤ 摆角,可做成圆摆和直摆,双排扣一般为直摆,单排扣可方可圆;⑥ 开衩位,男西服可开摆衩,也可开背衩,但目前流行的男西服多数不开衩。

五、绘图题

略。

第三节　西服款式变化练习题答案

一、填空题

1. 局部的变化

2. 摆角　　　驳头　　　袋型

3. 长驳头　　短驳头　　中长驳头　　单排扣　　双排扣　　宽驳头　　窄驳头

4. 背缝　　摆缝

5. ① 腰节线　　大袋位　　② 腰节线　　3 cm

二、判断题

1. ×　　2. √　　3. ×　　4. √　　5. ×

三、问答题

1. 在服装结构制图中,袖山高低、袖肥大小直接影响服装的穿着效果。一般规律是袖山越高袖肥相对就越小,服装的适体程度就越大,如女西服、毛料中山服等,同时人体手臂活动所受的阻碍也将增大。反之,袖山越浅、袖肥越大,服装的适体程度越小,着装效果则倾向于宽松舒适,如男衬衫、夹克衫、工作服等。由此可见,不同服装应根据其造型风格,穿着风格及要求的不同去设计与之相应的袖肥和袖山高度。

2. 服装结构制图是由各种不同的线条组合而成,每种线条都有其特定的确定方法,这些线条可大致分为三种类型:一是技术型线条,也称结构线条;二是工艺型线条或称装饰型线条;三是综合型线条,即技术性和工艺性两者兼备的线条。其中技术型线条的确定,不仅受款式本身的影响,更主要的还受人体表面形态的制约,因此不可随意变化,否则会影响服装的结构和适体程度。而工艺型线条一般不受人体表面形态的制约,因而可变性较强,这种线条的变化,一般仅改变服装的外观形态,不影响服装的内在结构及其人体的吻合程度,如西服驳头外口弧线的形状、驳头宽窄方圆、领子外口弧线的曲直等。双排扣西服叠门大小可以视为工艺性线条,其大小不同,仅影响服装的外观效果,相同条件下,当叠门加宽时,左右衣片叠合量增加,则左右两排扣之间距离大,同时驳口线交叉点向上移动,但这些都不影响西服的内在结构和适体程度。由此可见,工艺型线条的变化所受制约因素较小,可变性较强,能在不影响西服的内在结构及适体程度的前提下,变化出不同的外观形态,从而产生丰富的外观效果。

四、绘图题

略。

第二单元测试题答案

一、填空题

1. 角度控制肩斜　　计算公式控制肩斜

2. B/5+1 cm　　B/5+4 cm+褶量

3. 组合型分割

4. 1　　10~12　　15∶2　　胸高点

5. 垂直

6. 领圈　　角度移位法

7. B/10+5 cm　　5.5　　肚　　0.8

8. 2/3　　2

9. 长驳头　　短驳头　　中长驳头　　单排扣　　双排扣　　宽驳头　　窄驳头

二、判断题

1. ×　　2. ×　　3. ×　　4. ×　　5. √

6. √　　7. √　　8. ×　　9. √　　10. ×

三、选择题

1. B　　2. C　　3. B　　4. B　　5. B
6. B　　7. C　　8. C　　9. B　　10. A

四、填图题

1. ① N/2　　② 4　　③ 3　　④ 0.8　　⑤ 2.5　　⑥ 1.7　　⑦ 2
2. ① 8　　② 2.5　　③ 1　　④ 4　　⑤ 1　　⑥ 0.5　　⑦ 黑炭衬
   ⑧ 针刺棉

五、问答题

1. 后小肩线略长于前小肩线的原因是通过后小肩的略收紧，满足人体肩胛骨隆起及前肩部平挺的需要。后小肩线略长于前小肩线的控制数值于人体的体型、面料的性能及省缝的设置有关，一般控制在 0.5~1 cm 之间。

2. 一般上装胸袋口近袖窿处为使视觉平衡，均略向上斜，但在男衬衫中不采用上斜的方法，处理成平的袋口。因为男衬衫属宽松造型，同时上下袋口一样大，在穿着时或多或少会出现视觉上的上斜。

3. （1）调解腰省。由于袋口要剖开，原来腰省下端的省尖变成了可随意变化的空当，空当使腰省能够自如的调节，女装也同样适用。

（2）调节省尖处的不平服。由于袋口要剖开，原来的腰省省尖和腋下省省尖消失，从而使大袋处产生自然平服的效果。

（3）调节腹臀部大小。由于腋下省延长并直通到底，给腹臀围的调解带来了方便。

六、绘图题

略。

第九章　中山服结构制图

第一节　中山服（呢）练习题答案

一、填空题

1. 略长

2. N/5−0.3 cm　　　　N/5　　　　1.5

3. 第二粒纽　　2.5 cm　　上翘1　　0.05B+6 cm　　袋口大×1.2　　平行直纱

4. 前腰节长/5　　B/10+6 cm　　2　　前中线　　袋口大×1.2 cm　　底边线

5. 小袋袋底大/2　　4　　1　　1

6. B/5+0.7 cm

7. 3　　0.5

8. 关门　　底领　　翻领

9. 整齐　　庄严　　朴实

二、选择题

1. A　　2. B　　3. C　　4. A　　5. C

三、填图题

① 4.2 cm　　② 3.5 cm　　③ 3 cm　　④ 3 cm　　⑤ 1.5 cm　　⑥ 5.5 cm

四、问答题

1. 在中山服制图中,将袋盖周围画成略呈外弧形是为了使成品后的袋盖方正。如果将袋盖画成直线,成品后的袋盖就会内凹,影响袋盖的造型效果,其原因是:① 缝纫缩率。缝辑时,缉线处面料会产生轻微的皱缩,使袋盖周围的直线呈内弧;② 袋角易翻足,中央翻不足。翻袋盖时,一般容易在袋角处撑足,而中间部分却不容易翻足,产生角突出,中央凹进的现象。因此,为了防止上述原因造成的袋盖周围向内弯曲的现象,应在结构制图时将袋盖周围画成略呈外弧形。

2. 上装(男衬衣除外)结构制图中,不论是胸袋还是大袋,其袋口的后袋角(近袖窿及侧缝一端)抬高 0.8~1.5 cm,其原因是:

(1) 由于人体胸部的挺起,使上装位于胸部竖直方向处的部分被略带起,从而使上装面料的纬向线在视觉上出现前高后低的状态,另外面料的悬垂性也或多或少地影响着袋口,因此必须在制图时将袋口后袋角处略抬高。对于挺胸凸肚者,后袋角抬高的量应适当增加;对于平胸驼背者,应适当减少。

(2) 假如实际的袋口与袋底相等,那么在视觉上就会产生上大下小的感觉,要使视觉得到平衡,袋底应比袋口大(一般为 2 cm 左右)。为了使贴袋的形状保持美观,应将后袋角抬高。

3. 呢、布中山服由于采用的面料及穿着要求不同,因而具有下列差异:

(1) 从胸围放松量角度看,用规格净胸围者,呢料中山服放松量小于布料中山服,一般呢料中山服为 16~20 cm,布料中山服则为 20~22 cm,原因是呢料中山服适体要求高于布料中山服。

(2) 呢、布中山服制图方法基本相同,某些部位根据款式要求有所变化,具体表现在:① 袖窿深的确定,布中山服浅于呢中山服;② 袖肥宽的确定,布中山服大于呢中山服;③ 袖山高的确定,布中山服的袖山高浅于呢中山服,本书采用先确定袖肥大,再以袖斜线确定袖山高的方法,只要袖肥调节好,袖山高就会相应变化,无需用公式确定;④ 劈门的确定,布中山服小于呢中山服,主要是由合体程度确定的,合体程度高,劈门相对大,反之则相对小;⑤ 垫肩与胸衬,布中山服一般不放垫肩也不放胸衬;⑥ 偏袖量与偏袖线凹势,由于布中山服不采用归拔工艺,偏袖量与偏袖线凹势均应略小于呢中山服。

以上这些区别点,主要是由合体程度决定的,呢中山服的合体程度要高于布中山服。

4. 中山服为立翻领结构,其领子是由底领和翻领两部分组合而成,其中底领是典型的立领结构,立领领头应有一定的翘势,这是由于人体颈中部比颈根部细,显然颈中部截面周长要小于颈根部截面周长,为适应人体颈部的要求,中山服底领领头应该起翘,通过起翘,使底领形成上口短、下口长的两条向上弯曲的弧线,从而与人体颈部上细下粗的形态相吻合。

5. 中山服是立翻领结构,翻领处于底领的外围,所以翻领应比底领略长,形成正确的里外匀关系。由于中山服翻领宽于底领,客观上要求翻领的下口应略松于底领的下口,制图时则是通过增加翻领领头翘势来实现。只有这样才能保证底领与翻领缝合后达到松紧适宜、平服自然的外观效果。

五、绘图题
略。

第二节 中山服款式变化练习题答案

一、填空题
1. 基本造型　　领　　袋型　　门襟　　军便服　　学生服
2. 前　　四开袋　　开纽眼　　无
3. 小立领　　三开　　西服手巾　　纽眼　　无

二、简答题
1. 中山服与军便服的不同点有：① 中山服是4个贴袋，军便服是4个挖袋；② 呢中山服袖口有袖衩，军便服袖口无袖衩；③ 中山服袋盖开纽眼，军便服袋盖不开纽眼。
2. 中山服与学生服的不同点有：① 中山服衣领与学生服衣领不同，学生服只有立领部分，无翻领；② 中山服有4个贴袋，学生服借鉴了西服的袋型为开袋，上面一个胸袋，下面两个大袋；③ 呢中山服袖口有袖衩，学生服袖口则无袖衩；④ 中山服袋盖开纽眼，学生服袋盖不开纽眼。

三、绘图题
略。

第十章 特殊体型结构制图

第一节 特殊体型西裤结构制图练习题答案

一、填空题
1. 各部位基本对称均衡　　身体发育不均衡　　超越正常体范围
2. 凸臀体　　平臀体　　凸肚体　　O型腿　　X型腿
3. 正常体　　正常体制图　　纸型剪叠　　正常体型纸样
4. 臀部并不显著凸出　　腹部绷紧　　腰口线下坠　　侧缝袋绷紧
5. 臀部平坦　　后缝过长并下坠
6. 臀部丰满凸出　　腰部中心轴倾斜　　臀部绷紧　　后裆宽卡紧
7. O型腿　　侧缝线向上吊起　　下裆缝显长　　烫迹线向侧偏

二、选择题
1. A　　2. C　　3. B　　4. B　　5. A　　6. A

三、判断题
1. ×　　2. √　　3. √　　4. √　　5. √　　6. ×

四、看图回答问题
此图为凸臀体体型裤片修正图，其修正方法是：
① 臀围线处后裤片切开，使后臀围大，后裆加长，后翘加高，后裆斜度增加。
② 后裆加宽，后省加大加长，腰口处侧缝困出。

五、用图示说明凸肚体型裤片的修正方法
凸肚体前后裤片需在正常体裤片基图上作出相应的修正，具体方法是：前裤片臀围线处剪

开,并增加前裆斜度和长度,同时增大前裥量,使腰口处侧缝困出,并适当加大前裆宽;后裤片臀围线处折叠,使后裤片裆缝长度减短,通过上述调整可达到凸肚体的穿着要求,具体修正图略。

第二节 特殊体型上衣结构制图练习题答案

一、填空题

1. 挺胸体　　驼背体　　平肩　　溜肩　　高低肩
2. 前挺　　平坦　　略往后仰　　宽　　窄
3. 显短　　显长　　起吊
4. 凸出且宽　　略前倾　　较平且窄
5. 长　　短　　绷紧吊起
6. 小　　T　　拉紧　　豁开
7. 大　　个　　斜褶　　搅止口
8. 高低不一　　低落　　皱褶

二、判断题

1. ×　　2. ×　　3. √　　4. √　　5. √
6. ×　　7. √　　8. ×　　9. √　　10. ×

三、作图并修图

驼背体上衣的制图,需在正常体制图基础上加以调节,具体方法是:前片胸围线处折叠,后片胸围线处切开,并对以下部位进行调整:① 劈门改小;② 前胸减窄,后背改宽;③ 前片腰节线减短,后片则放长;④ 后袖山高处切(拉)开以加长后袖缝;⑤ 前袖山高处折叠以缩短前袖缝。

第三节 服装弊病分析及处理方法练习题答案

一、填空题

1. 结构制图　　缝制加工
2. 后翘太高　　太小　　胖势不够
3. 太小　　太短　　凸势不够
4. 太短　　倾斜度太大　　太高
5. 太大　　太小　　褶裥太大　　倾斜度不够
6. 脚口外豁　　太短　　劈势不足
7. 太窄　　太小　　长
8. 小　　翘势太高
9. 距离太小　　倾斜度太大　　翘势太低　　斜度太大

二、解释术语

1. 所谓夹裆是指裤子穿上后,后窿门吊紧,后裆缝嵌入股间,俗称"夹裆"。
2. 后裆下垂是指裤子穿上后,臀部下沉,起涟漪般皱褶,俗称"后裆下垂"。
3. 搅止口是上装常见的弊病之一,指当门里襟叠上后,前中线歪斜,下口过多地叠拢,俗称"搅盖"。
4. 荡领是指当服装穿好后,领口不能贴近颈部,四周荡开,俗称"荡领"。

三、判断题

1. ×　　2. √　　3. ×　　4. ① √　　② ×　　③ √　　④ ×
5. ① √　　② ×　　③ ×　　④ √
6. ① √　　② ×　　③ √　　④ √　　⑤ ×

四、看图回答问题

A、B、C、D 图分别是对后裆下垂、后腰起涌、上衣后领起涌、止口搅盖等弊病的修正。

五、简答题

1. 臀围和腰围放松度适中,但裤子穿上后产生后臀绷紧、前臀太宽的现象,这是常见的裤子弊病之一,其修正方法是前片臀围改小,后片臀围放大,前片褶裥改小,后缝倾斜度增大,后省量增大。

2. 驳头外口松是指当门里襟叠上后,衣服的驳口线与结构图上的驳口线不重合,驳领不到第1粒扣的现象。其修正方法是加大驳口线与领肩点间的距离,减小驳领松斜度,放高前领翘势,减小前后小肩斜度。

第十一章　大衣结构制图

第一节　女大衣练习题答案

一、填空题

1. 膝盖以下　　膝上 10 cm 左右　　中指指尖
2. 1　　15∶5　　B/6+1 cm　　B/6+1.7 cm
3. N/5+0.2 cm　　N/5+0.5 cm　　3　　2
4. 前腰节长/5　　B/10+6 cm　　袋口大×1.2
5. 3　　S/2−0.7 cm　　前小肩+0.7 cm

二、判断题

1. ×　　2. √　　3. √　　4. √　　5. ×　　6. √　　7. √　　8. √

三、选择题

1. C　　2. B　　3. C　　4. C　　5. B

四、简答题

方角型领圈中将竖直方向的领圈线处理为弧形的原因是:在后领圈基本稳定的前提下,将前领圈竖直方向的领圈线处理成略带弧形的形状,以使前后领圈能圆顺的连接。

五、绘图题

略。

第二节　男大衣练习题答案

一、填空题

1. 箱型
2. 25~27
3. 1　　3　　2.5

4. 3.5　　　胸围线下 6 cm　　　1.5

5. B/6+3 cm　　　S/2-0.7 cm　　　撇门点

6. B/6+1 cm　　　B/6+2 cm　　　3

二、判断题

1. ×　　2. √　　3. ×　　4. ① ×　　② ×　　③ √　　④ √

三、问答题

1. 所谓"吃势"是指某一部位通过工艺方法使其收缩的量,袖山吃势产生的原因主要有以下几点:

(1)解决里外匀,衣袖与衣片装配时,衣片在里圈,衣袖在外圈,外圈与里圈有一定的里外匀,面料增厚,里外匀的量也随之增大,里外匀作为整个吃势的一部分存在。

(2)满足手臂顶部的表面形状,人体手臂顶端呈现出一定的球冠状,为使袖子装配后能满足这一表面状态的需要,袖山必须存在一定的吃势,并通过工艺收缩,使袖山由平面转化为立体圆弧状。

(3)袖山吃势可使衣袖的经、纬丝缕保持垂直,使袖子的造型美观。

2. 袖山吃势的大小,对成衣袖子质量有着较大的影响,吃势过大或过小都不会产生良好的外观效果,影响袖山吃势大小的因素有很多,主要有袖子的装配形式、面料质地性能、袖斜线倾角、袖窿弧线总长等诸多因素。其一般规律是袖窿弧线越长,袖山吃势越大,袖斜线倾角越大,袖山吃势越大;伸缩性强质地厚的面料,其吃势大于伸缩性差质地薄的面料。从袖子装配形式看,组装部位在肩端的袖子如圆装袖,吃势应大于组装部位部位不在肩端的袖子如套肩袖;组装部位在肩端,袖子缝份倒向衣身的吃势较大;缝份劈开的吃势居中。通过分析袖山吃势产生的原因,可以推论出袖山吃势的大小与袖山弧线的总长、袖斜线倾角、面料的质地性能、装配形式有关。

四、绘图题

略。

第三节　大衣款式变化练习题答案

一、填空题

1. 7 cm　　　N/5　　　N/5+0.2 cm

2. 直线　　　1/2 前胸宽　　　胸　　　腰节

3. 1/2 背宽线　　　腰节　　　中腰　　　下摆

4. B/6+3 cm　　　1.5 cm　　　B/4+0.5 cm　　　角度转换

5. 分割缝　　　B/10+5 cm

6. 圆弧　　　15∶8　　　0.5

7. 不对称方形　　　前移　　　横分割线　　　分割线

8. N/5　　　N/5+0.2 cm　　　15 cm

9. 1/5 前腰节长　　　B/10+5 cm　　　AH/2-1 cm

10. 1.5　　　N/5　　　N/5-0.3 cm

11. B/10+6 cm　　　5.5 cm

二、判断题

1. ① ×　　② √　　③ √　　④ ×　　⑤ √　　⑥ √　　⑦ ×　　⑧ √

2. √ 3. √ 4. × 5. √ 6. ① × ② × ③ √

三、选择题
1. D 2. B 3. A 4. B 5. D 6. B

四、问答题

1. 套肩袖袖中线的斜度是指袖中线与小肩线之间的夹角,夹角的大小对袖子的外观形态及服装的适体程度有着较大的影响。一般规律是袖中线斜度增加,则袖山深增加,袖肥减小,服装的适体程度增大。目前,确定袖中线斜度的方法很多,一般采用比值法确定,即将衣片小肩线延长出肩端点 15 cm 后作直角,然后量取直角边长 X 为点与肩端点连接即为袖中线。显然,X 取值越大,袖中线斜度就越大,服装适体程度就越高,但同时人的手臂活动所受阻碍就越大。所以,实际应用时需对 X 的取值大小作出一定限制,一般情况下 X 值可在 0~14 cm 之间变化,当 X 值在 12~14 cm 之间变化时所产生的效果倾向于服装的适体性;当 X 在 0~12 cm 之间变化时,则倾向于人体活动的舒适性;当 X 值大于 14 cm 时,则会使人体手臂活动明显受阻,因此,X 值不宜超过 14 cm。

后袖中线的斜度一般应小于前袖中线斜度,其比值定为 15:0.8X。当 X 为零时,前后袖中线斜度相等,X 取值越大,前后袖中线斜度差就越大,这种确定方法与人体手臂向前活动范围较大的客观要求是相适应的。

2. 服装结构制图不仅要考虑人体静态时的外表形态,同时,还应在一定程度上满足人体动态时的客观要求。由于人体手臂向前活动范围远大于向后活动的范围,因此,制图时后背的宽度总是大于前胸宽度。再加上前衣片撇门的存在,使得前衣片冲肩量大于后衣片,以上因素造成袖窿弧线在肩端点的切线,与小肩线的夹角前片约85°,后片约95°,其基本要求是两者角度应为互补关系,这样才能保证前后肩缝缝合后,前后袖窿弧线连接光滑、圆顺,否则在肩端点处会产生凹角或凸角,影响绱袖的质量。

五、绘图题
略。

第十二章　童装结构制图

第一节　男童装练习题答案

一、填空题
1. 婴儿期　　幼儿期　　学童期
2. 海军　　开襟　　3粒　　贴袋　　镶色荡条
3. 短裤　　腰口　　3道线　　镶荡条
4. 不宜过紧　　适当宽松
5. 1.5　　1　　1
6. 15:1.5
7. 0.04H　　H/10

二、判断题
1. × 2. √ 3. √ 4. × 5. × 6. √
7. √ 8. √ 9. × 10. ×

三、选择题

1. C   2. A   3. B   4. A   5. C   6. C
7. C   8. C   9. B   10. B

四、简答题

1. 海军领基本属披肩领,制图时覆合在前后衣片的领圈弧线上配领片。配领时,应使前后小肩叠透一定数量,目的是缩短领外围线长度,使领脚稍抬起,但叠透量不宜过大,否则,会使衣领无法放平。

2. 海军领男童装因胸围与摆围相等,摆缝线与底边线呈直角,不存在摆缝线向外偏斜的问题。但是人体胸部挺起因素依然存在(童体多为挺胸体),因此底边线摆缝一侧应有一定的起翘,起翘后摆缝线与底边线的夹角可以通过弧线作技巧性的处理。

3. 儿童服装的裁制应注意以下三个问题:第一,不要以为孩子的发育成长较快,而任意将长裤裁制的过于宽长,孩子穿着后,会显得拖沓臃肿,而且会给孩子的行动带来不便,使外观形象不佳;第二,由于幼儿期孩子的体型特征是腰部较粗,因此不适宜给幼儿期的孩子穿束腰式的服装,而上下相连的连衣裙和背带裤就比较适宜,紧身式或曲腰式的服装也不适宜儿童穿着,儿童适宜穿着宽腰式或直腰式服装。

五、绘图题

略。

第二节 女童装练习题答案

一、填空题

1. 方形分割   圆形分割   荷叶边   腰省   折裥型泡泡短袖   斜裙拉链
2. 衣裙长   胸围   肩宽   领围   腰围   前腰节长   袖长
3. 15∶6   15∶5
4. B/6+1.2 cm   B/6+1.9 cm
5. N/5   N/5+0.3
6. 15∶6   W/4-(0.5~1)
7. B/6+1 cm

二、判断题

1. ×   2. ×   3. √   4. ×   5. √

三、选择题

1. B   2. B   3. B   4. A   5. B

四、简答题

女童装连衣裙肩宽减窄的原因是因为袖型是泡泡袖,而泡泡袖一经制作完成,无论袖型是高泡还是平泡视觉上都会使肩的宽度增加,因此预先使肩宽减窄以避免袖装好后肩宽增加而产生不平衡感。至于减窄的程度,一般高泡的少减一些,平泡的多减一些。

五、绘图题

略。

第三节　童装款式变化练习题答案

一、填空题

1. 翻驳领　　横分割　　贴袋　　开背缝　　一片式圆装袖　　缉明线
2. 青果式翻驳领　　3粒　　腰省　　贴袋　　背缝　　收肘省　　领　　袖口　　袋口
3. 胸部　　腰部　　臀部
4. B/6+3 cm　　B/6+1 cm　　B/6+1.7 cm
5. 假分割
6. N/5+0.2 cm　　N/5+0.5 cm
7. 竖分割　　横分割　　斜分割　　弧形分割
8. 款式　　成人服装　　体型特征　　依据

二、判断题

1. √　2. √　3. ×　4. ×　5. √　6. ×　7. √　8. ×

三、选择题

1. B　2. C　3. B　4. A　5. C

四、填图题

① 6 cm　　② 3 cm　　③ 2.5 cm　　④ 3.5 cm　　⑤ 0.9 h_0

五、简答题

1. 童装的分割线条形状一般是不规则的,主要有直线、斜线、弧线等形式。分割线的主要功能有装饰性和实用性两种。童装常在外形上以各种形态分割衣片,对增强服装的主体感和美感、衬托儿童性格特征等方面起到良好的效果。

2. 由于人体的肩部具有一定的厚度,这种厚度随着穿着层次的增加而变厚。童体也如此,而且童体的穿着层次往往多于成人的穿着层次,因而,童体肩部的增厚幅度要大于成人。在夏季,当穿着层次为零时,1.3~1.7 cm 的后领深能使肩缝线落在肩部中央的位置上;在冬季,随着穿着层次的增加,肩缝逐渐偏离中央位置,产生肩缝线后移现象。为了避免这种现象的产生,在计算后领深时,冬装要比夏装略深一些,要在夏装的基础上再适当加一个穿着层次的厚度,同时在增加后领深的同时,还必须相应增加前后领宽与前领深的规格。

3、青果领与一般驳领的不同点是:一般驳领分为驳头和驳领两部分,驳头与驳领间有一定量的缺嘴,而青果领的驳头和驳领是连为一体的,其领外口呈圆形青果状。

六、绘图

略。

第十三章　中式服装结构制图

第一节　男式对襟暗门襟罩衫练习题答案

一、填空题

1. 对折　　偏出

2. 中式立领　　　直脚纽　　　6　　　直插　　　背缝　　　连袖
3. 整片衣料　　　前后衣片　　　袖片　　　衣领　　　无侧缝　　　省
4. 对襟　　　偏襟

二、解释术语

1. 出手是指中式服装由后领中心线至袖口的长度。
2. 挂肩是指中式服装肩部折转线至胸围线的垂直距离,俗称抬肩。

三、判断题

1. ×　　　2. ×　　　3. √　　　4. √　　　5. ×

四、选择题

1. B　　　2. C　　　3. A　　　4. B　　　5. A

五、填图题

① N/5−1 cm　　② N/5+2 cm　　③ 衣长　　④ 出手　　⑤ B/5+4 cm
⑥ 袖口　　⑦ B/4　　⑧ 前腰节长　　⑨ 1.3　　⑩ 1

六、简答题

中式服装与西式服装在结构上的主要差异是:中式服装是由整片衣料构成,上衣的前后衣片和袖片是连在一起的,没有肩缝、肩斜度,没有省缝,可以说中式服装只是平面衣片的简单组合,做成的服装与人体本身的外表形态不够吻合,因此适体程度较差,也不够美观。而西式服装则采用分肩缝、设肩斜、开袖窿、收省打裥、袖子独立裁剪等一系列方法进行结构设计,做成的服装立体效果好,符合人体各部位表面形态的要求,穿着舒适美观。

七、绘图

略。

第二节　女式偏襟罩衫练习题答案

一、填空题

1. 中式立领　　　直脚纽　　　摆衩　　　连袖
2. 定襟位　　　偏襟　　　拔襟　　　扎襟
3. 1.5

二、解释术语

1. 挖襟是偏襟中式服装的俗称,在结构制图中又指把平面布料通过工艺手段变成偏襟造型的过程。
2. 盖襟是偏襟中式服装中偏襟的右衣片,在大襟的下面,俗称小襟。

三、判断题

1. √　　　2. ×　　　3. √　　　4. ×　　　5. √

四、填图题

① 衣长　　② 前腰节长　　③ 出手　　④ N/5−1 cm　　⑤ N/5+2 cm
⑥ B/5+5 cm　　⑦ B/4　　⑧ 袖口

五、简答题

1. 女式偏襟中式罩衫在制图时,先要解决挖襟问题。挖襟实际上是利用纤维组织的可塑性,采用工艺手段适当改变纤维的伸缩度和织物经纬组织的密度、方向及折料时折斜而形成的偏襟叠合。

2. 挖襟的步骤和方法是：① 定襟位，肩线下 B/5+5 cm 作前中线平行线，距前中线为 B/4 作肩线平行线，两线交点为襟位。距前领深下 0.7 cm 作前中线的垂线，垂足与襟位连接作弧线，并沿弧线剪开至肩线；② 偏襟，将大襟按原来的对折线偏移 1.5 cm；③ 拔襟，距肩线 1/3 多前领深处作长约 4.5 cm 的直线垂直于前中线，并沿线双层剪开，将开口大襟折叠 0.7 cm 左右，小襟拔开 0.7 cm 左右；④ 扎襟，通过拔襟，使大小襟进一步叠合，然后再将后衣片按原对折线偏移 1.5 cm。将大小襟叠合部分固定，最后按肩线折转，前衣片向前略偏出 1.5 cm，成为四层。

六、绘图
略。

第三节　旗袍练习题答案

一、填空题

1. 中式立领　　侧胸省　　腰胸省　　腰省　　偏　　葫芦纽　　拉链　　摆衩　　装袖

2. 4~6　　3~5　　5~7　　1~2　　胸高点　　25

3. B/6+1.5 cm　　B/6+2.2 cm

4. 前小肩+0.5 cm

5. 15∶2

二、解释术语

1. 旗袍原指我国满族妇女穿着的一种长袍，上下装相连。
2. 偏襟俗称挖襟，是指中式服装中从领口至右腋下开门的服装款式。

三、判断题

1. ×　　2. ×　　3. √　　4. ×　　5. √

四、选择题

1. C　　2. B　　3. B　　4. C　　5. A

五、简答题

1. 旗袍与偏襟女罩衫的区别主要有：① 旗袍是上下装相连，而偏襟女罩衫只是上装；② 旗袍前后身采用西式服装结构，装袖，而偏襟女罩衫是中式平面结构；③ 旗袍可分长短袖两种，罩衫无短袖。

2. 旗袍与女横胸省衬衫的区别主要有：① 旗袍一般为立领，并以中式领为多，而女衬衫一般为翻领；② 旗袍为长衣，上下装相连，而女衬衫只是上装；③ 旗袍为偏开门，衬衫为直开门。

六、绘图
略。

第十四章　服装样板制作

第一节　服装样板制作基础知识练习题答案

一、填空题

1. 裁剪　　排料　　画样　　裁剪　　打样板

2. 标准样板制作　　　成套样板制作

3. 伸缩性小　　　纸张坚韧　　　纸面光洁

4. 黄版纸　　　裱卡纸　　　牛皮纸

5. 缝纫　　　熨烫　　　折转

6. 眼刀　　　钻眼

7. 三角形　　　0.3~0.5　　　0.2

8. 净样板　　　毛样板

二、解释术语

1. 眼刀是指在裁片的边缘部位剪一小缺口，作定位标记用。

2. 钻眼是指打在裁片上作定位标记的孔眼。

三、判断题

1. √　　　2. ×　　　3. ×　　　4. √　　　5. ×

四、选择题

1. C　　　2. C　　　3. B　　　4. C　　　5. A

五、简答题

1. 服装样板制作的工具主要有：① 直尺；② 塑料卷尺；③ 曲线板；④ 弯尺；⑤ 三角尺；⑥ 铅笔；⑦ 橡皮；⑧ 号码图章；⑨ 英文字母橡皮图章；⑩ 样板边章；⑪ 剪刀；⑫ 钻子；⑬ 冲头；⑭ 胶带；⑮ 订书机；⑯ 夹子等。

2. 服装样板的放缝与裁片的不同部位、服装款式、缝份结构、裁片形状、面料的质地有关。

3. 服装样板上眼刀标明的部位有：① 缝份和贴边的宽窄；② 收省的位置和大小；③ 开衩的位置；④ 零部件的装配位置；⑤ 缝纫装配时的对刀位置；⑥ 贴袋、袖头等的前侧和上端；⑦ 折裥、缉裥、缝线的位置或细褶的起止点；⑧ 裁片对条、对格的位置；⑨ 其他需要标明位置、大小的部位。

4. 服装样板上钻眼标明的部位和要求：① 收省长度，钻眼一般比省的实际长度短 1 cm；② 橄榄省的大小，钻眼一般比收省的两边各偏进 0.3 cm；③ 装袋和开袋的位置和大小，钻眼一般比袋的实际大小，偏进 0.3 cm。

5. 样板上的文字标记包括：① 产品型号；② 产品规格；③ 样板种类；④ 样板位置；⑤ 丝缕线；⑥ 零部件；⑦ 片数不固定的零部件等。

第二节　服装样板推档练习题答案

一、填空题

1. 推板　　　扩号　　　放码

2. 速度快　　　误差小　　　保管　　　归档

3. 规格档差

4. 线条清晰　　　制图方便　　　速度快

5. 2/5　　　3/5　　　1/3　　　2/3

6. 3　　　0.6　　　2.4　　　0.9

7. 前裆缝的放量+前隆门的放量　　　0.56　　　后裆缝的放量+后隆门的放量　　　0.7

8. 2 1/4 腰围档差 0.5
9. 0.5 0.25 0.17 0.25
10. 2 1/6 胸围档差 0.67 衣长规格档差-上平线长度变量 1.33
11. 1 1/2 肩宽档差 0.5
12. 3 1/3 胸围档差 1 0.7 0.3
13. 2 1 1/6 胸围档差 0.5 0.5 1.5
14. 1 1/5 领围档差 0.2
15. 最小号 最大号 中间各档规格

二、解释术语

1. 总图档法是以最小档或最大档规格的样板为基础,按规格系列作出最大档或最小档规格的样板,然后通过逐次等分制出中间各档规格的样板的一种推档方法。

2. 逐档推档法是以中间规格的样板为基础,按规格系列采用推一档制作一档的方法,制出各档规格的样板的一种推档方法。

3. 公共线是指以一条轮廓线或主要辅助线作为各档样板的重合线条,即几档规格样板所共同使用的线条。

三、判断题

1. × 2. √ 3. × 4. × 5. √
6. × 7. √ 8. √ 9. × 10. √

四、选择题

1. C 2. B 3. B 4. A 5. C
6. A 7. B 8. C 9. A 10. C

五、简答题

1. 常见的服装样板推档方法有总图推档法和逐档推档法。总图推档法的优点是适合多档规格的推档,档数越多,效率越高,不仅精确度高且便于技术存档,缺点是步骤繁复,速度较慢。逐档推档法的优点是较灵活,适合有规律或无规律的跳档,速度较快,缺点是当档数较多时,存在一定的误差。

2. 总图推档法的操作步骤是:① 制作最小号(或最大号)规格样板为标准样板,剪下样板;② 确定推档公共线;③ 确定规格档差和推档数值,制出最大号(或最小号)规格样板;④ 运用同位点连线等分制出中间各档规格;⑤ 复制各档规格样板。

3. 逐档推档法的操作步骤是:① 制作中号规格样板为标准样板,剪下样板;② 确定推档公共线;③ 将样板纸铺在标准样板下,确定规格档差和推档数值后,推出大号或小号规格样板,并且剪下样板;④ 如有多档规格,再将剪下的样板作为标准样板继续推剪。

第三节　服装样板的检查与复核练习题答案

一、填空题

1. 光滑顺直 圆顺 准确
2. 重叠 顺直 圆顺 跳档距离
3. 目测 测量 用样板相互核对

二、判断题

1. √   2. ×   3. ×   4. √   5. √   6. √

三、简答题

1. 服装样板检查与复核的主要内容有：① 型号、款式与规格；② 组合结构是否合理；③ 样板跳档是否合理；④ 贴边与缝伤是否符合工艺要求；⑤ 组合部位里外围吃势是否恰当；⑥ 样板规格与面料缩率是否相符；⑦ 省、裥、袋位标记和眼刀、钻眼是否正确。⑧ 样板规格与缝缉线缩率是否相符；⑨ 样板的文字标记是否清楚准确，有否遗漏；⑩ 样板的丝缕标记是否准确；⑪ 样板的面、里、衬、毛样、劈样、净样等字样和样板所需的数量是否标明。

2. 服装样板复核的要求是：

（1）对照规格单、工艺单、来样和图稿等要求进行核对。

（2）逐项进行核对，检查核对完一项要做上记号，以防遗漏。

（3）样板型号、款式、规格、贴边缝份、大小跳档距离都必须符合规定，组合部位吃势必须符合原定要求。

（4）样板经核对准确后，应在样板边框上加盖长形样边章。

（5）做好样板复核记录，复核者签名盖章。

第三单元测试题答案

一、填空题

1. 小袋袋底大/2   4

2. 关门   底领   翻领

3. 身体发育正常   各部位基本对称均衡   身体发育不均衡   超越正常体范围

4. 凸出且宽   略前倾   较平且窄

5. 膝盖以下   膝上 10 cm 左右   中指指尖

6. 最小号或最大号   中间各档规格

7. 定襟位   偏襟   拔襟   扎襟

8. 前裆缝的放量+前窿门的放量   0.56   后裆缝的放量+后窿门的放量   0.7

二、选择题

1. B   2. A   3. C   4. A   5. A

6. B   7. C   8. A   9. A   10. B

三、判断题

1. √   2. ×   3. ×   4. √   5. √

6. ×   7. ×   8. √   9. ×   10. √

四、解释术语

1. 荡领是指当服装穿好后，领口不能贴近领部，四周荡开，俗称"荡领"。

2. 对刀是指眼刀与眼刀相对或眼刀与衣缝相对。

3. 公共线是指以一条轮廓线或主要辅助线作为各档样板的重合线条，即几档规格样板所共同使用的线条。

五、填图题

① 4.2 cm　　② 3.5 cm　　③ 3 cm　　④ 3 cm

⑤ 1.5 cm　　⑥ 5.5 cm

六、简答题

1. 中山服大袋盖制图时,将袋盖周围画成略呈外弧形是为了使成品后的袋盖方正。如果将袋盖画成直线,成品后的袋盖周边会出现凹陷,影响袋盖的美观,其原因有以下两点:

(1) 缝纫缩率。缝缉时,缉线处面料会产生轻微的皱缩,使袋盖周围的直线呈内弧。

(2) 在翻袋盖时,袋角部位一般容易撑足,而袋盖周边不易翻足,会产生袋角突出,袋盖周围凹进的现象。

因此,为了防止上述原因造成的袋盖周围向内弯曲的现象,应在结构制图时将袋盖周围画成略微向外突出的弧形线。

2. 袖山弧线为什么要有吃势?

"吃势"是指某一部位通过工艺方法使其收缩的量,袖山头放吃势的原因主要有以下几点:

(1) 解决里外匀。衣袖与衣片装配时,衣片在里圈,衣袖在外圈,外圈与里圈有一定的里外匀,面料增厚,里外匀的量也随之增大,里外匀作为整个吃势的一部分存在。

(2) 满足手臂顶部的表面形状,人体手臂顶端呈现出一定的球冠状,为使袖子装配后能满足这一表面形态的需要,袖山必须放一定的吃势,并通过工艺收缩,使袖山由平面转化为立体圆弧状。

(3) 袖山吃势,可使衣袖的经、纬丝缕保持垂直,使袖子的造型美观。

3. 服装样板上钻眼标明的部位和要求是什么?

服装样板上钻眼标明的部位和要求是:① 收省长度。钻眼一般比省的实际长度短 1 cm;② 橄榄省的大小,钻眼一般比收省的两边各偏进 0.3 cm;③ 装袋和开袋的位置和大小。钻眼一般比袋的实际大小偏进 0.3 cm。

七、绘图题

略。

综合模拟试题参考答案

综合模拟试题(一)答案

一、填空题

1. 人体　　人体运动规律
2. 旗袍裙　　一步裙　　西服裙
3. 衣片　　衣袖　　衣领
4. 1~2　　7~10
5. 领圈　　角度转换移位法
6. B/10+5 cm　　5.5 cm
7. 关门　　底领　　翻领
8. 凸臀体　　平臀体　　凸肚体

9. 婴儿期　　　幼儿期　　　学童期

10. 标样纸板　　　打样板

二、选择题

1. B　　2. D　　3. B　　4. A　　5. C

6. C　　7. B　　8. C　　9. C　　10. C

三、判断题

1. √　　2. √　　3. √　　4. √　　5. ×

6. ×　　7. √　　8. ×　　9. ×　　10. ×

四、解释术语

1. 服装的放松量又称加放量,为使服装适合人体的各种姿态和活动的需要,必须在量体所得数据的基础上,根据服装品种、式样和穿着用途,加放一定的余量,即放松量。

2. 叠门是门襟和里襟相叠合的部分。

3. 搅止口是上装常见的弊病之一,是指当门里襟叠上后,前中线歪斜,下口过多地叠拢,俗称"搅盖"。

4. 出手是中式服装由后领中心线至袖口的长度。

五、填图题

按图所示标出女衬衫领子的有关数据。

① 标准领口圆　　② 驳口线　　③ 领驳平直线　　④ $h+h_0$　　⑤ $0.9 h_0$

⑥ $2(h-h_0)$　　⑦ $0.8 h_0$

六、简答题

1. 颈部与衣领的关系是:① 人体的颈部呈上细下粗不规则的圆台状,上部和头骨相连。从侧面观察,颈部向前呈倾斜状,下端的截面近似桃形;② 颈部的形状决定了衣领的基本结构,由于颈部呈不规则的圆台状及向前倾斜的特点,所以领的造型基本上是后领脚宽,前领脚窄,上衣前后领的弧线弯曲度一般是后平前弯。又由于颈部上细下粗,因此衣领的规格是上领小、下领大。

2. 衣领依据前片领圈制图的合理性主要有:① 领底线与前领圈的转折点位置清楚;② 衣领的造型一目了然;③ 领底线前端的曲线和领圈吻合;④ 使领底线凹势的确定有依据。

3. 由于女西服具有穿着合体、线条柔和流畅、整体性强的特点、通过加收领胸省,一方面可使西服胸部饱满,适合女性体型的客观要求;另一方面,当西服驳头驳倒后,领胸省省缝被完全掩盖而不破坏服装的整体效果,特别是对有明显条纹和图案的面料尤为适用。但这并非是绝对的,对于某些西服变化款式,为达到特定的设计要求,也可采用其他胸省形式。

其具体设计方法是:(1) 胸高点定位。取 24 cm 由上平线量下,作上平线的平行线,在平行线上取胸宽的 1/2,其交点即为胸高点。

(2) 领胸省位。在串口线上取 1 cm,由驳口线量出定点,连接胸高点作斜直线,在线上取比值 15∶2,使三角形的两边相等(省长 10~12 cm)。

(3) 领圈移位。连接原领肩点与胸高点作斜直线,在线上取比值 15∶2,使三角形的两边相等,得到新的领圈。

(4) 肩端点移位。连接原肩端点与胸高点作斜直线,在线上取比值 15∶2,使三角形的两边相等,得到新的肩端点。

（5）肩斜线移位。连接新的领肩点与新的肩端点，得到新的肩斜线（因装垫肩，肩斜线在原有基础上抬高 0.7 cm）。

七、绘图题

略。

综合模拟试题（二）答案

一、填空题

1. 服装规格　　　服装款式　　　服装材料质地性能
2. 体侧髋骨　　　3
3. 低腰　　　中腰　　　高腰
4. W/4−0.5 cm+褶
5. 4/10B−2 cm　　　宽松
6. 2/3　　　2 cm
7. N/5−0.3 cm　　　N/5　　　1.5 cm
8. 正常体　　　正常体制图　　　纸型剪叠法　　　正常体型纸样
9. 不宜过紧　　　适当宽松
10. 伸缩性小　　　纸张坚韧　　　纸面光洁

二、选择题

1. B　　2. C　　3. A　　4. C　　5. A
6. B　　7. B　　8. C　　9. C　　10. C

三、判断题

1. √　　2. ×　　3. ×　　4. √　　5. ×
6. √　　7. √　　8. √　　9. ×　　10. ×

四、解释术语

1. 组合形态是指各部位、部件的衣里、衣衬及其他辅料的组合关系。
2. 过肩也称复势、育克，一般常用在男女上衣肩部上的双层或单层布料。
3. 劈势是直线的偏进，如上衣门、里襟上端的偏进量。
4. 挂肩是指中式服装肩部折转线至胸围线的垂直距离，俗称抬肩。

五、填图题

① 0.7 cm　　② 0.7 cm　　③ 1~2.5 cm　　④ 裙长−腰宽　　⑤ $R=W/\pi$

六、简答题

1. 服装结构制图的平面展开图是由直线和直线、直线和弧线的连接构成衣片的外形轮廓及内部结构的衣缝分割。制图时，一般先定长度，后定围度，即先用细实线画出横竖的框架线。而横线和竖线的交点就是定寸点，两个定寸点之间的距离，就是这一部位的注寸距离。制图中的弧线是根据框架和定寸点相比较后画出的。因此，可将制图步骤归纳为"先横后竖、定点画弧、定位。"

2. 因为男衬衫在夏季作为外衣穿着，衣领敞开时，如纽位等距离，外观就会显得敞口太大，所以要略减短第一粒纽至第二粒纽位的间距。此外，男衬衫面料薄而软，且领子硬挺，使衣领具有张开的趋势。

3. 服装结构制图中,袖山高低、袖肥大小直接影响服装的穿着效果。一般规律是袖山越高,袖肥相对就越小,服装的适体程度就越大,如女西服、毛料中山服等,但同时人体手臂活动所受的阻碍也将增大。反之,袖山越浅,袖肥越大,服装适体性就越小,着装效果则倾向于服装的宽松舒适,如男衬衣、夹克衫、工作服等。由此可见,不同服装应根据其造型特点、穿着风格及要求去设计与之相适应的袖肥和袖山高度。

七、绘图题
略。

综合模拟试题(三)答案

一、填空题
1. 从上到下　　从外到里　　转手
2. 连腰　　装腰
3. 平整宽敞
4. 臀围线　　15∶3.5
5. 手巾袋的1/2　　4
6. 1　　1.5　　4
7. 0.4~0.5 cm
8. 挺胸体　　驼背体　　平肩　　溜肩　　高低肩
9. B/6+1.2 cm　　B/6+1.9 cm
10. 缝纫　　熨烫　　折转

二、选择题
1. D　　2. C　　3. A　　4. B　　5. A
6. C　　7. A　　8. C　　9. B　　10. C

三、判断题
1. √　　2. √　　3. √　　4. √　　5. √
6. ×　　7. √　　8. ×　　9. √　　10. ×

四、解释术语
1. 克夫又称袖头,缝接于袖子下端,一般为长方形袖头。
2. 后裆下垂是指裤子穿后,臀部下沉,起涟漪般皱褶,俗称"后裆下垂"。
3. 服装样板推档是以某一档规格的样板为基本样板,按一定的规格系列在服装各部位作放大或缩小的处理。

五、填图题
1. ① $0.9h_0$　　② $2(h-h_0)$　　③ $h+h_0$　　④ 后领圈弧线长
　　⑤ $0.8h_0$　　⑥ 4 cm　　⑦ 3 cm　　⑧ 4 cm
2. ① 4.2 cm　　② 3.5 cm　　③ 3 cm　　④ 3 cm
　　⑤ 1.5 cm　　⑥ 5.5 cm

六、简答题

1. 在基本型衣片制图中,一般衬衫类的袖窿深度总是以计算公式来控制的,本教材选用的是 B/6+1 cm(由前袖肩点量下)。在实际使用中袖窿深的深度是可变的,当款式发生变化时,袖窿深度应随之作相应调节,如宽松类服装,袖窿深应在原有基础上下降一定量,而无袖类服装的袖型作为贴身型服装穿着时,应在原袖窿深的基础上抬高一定量,以适应人体穿着。

2. 服装样板的放缝与裁片的不同部位、服装款式、缝份结构、裁片形状、面料的质地等有关。

3. 男西服腋下省向下延长并直通到底比较合理,其主要作用表现在以下四个方面:

(1) 调节腰省。由于腋下省延长直通到底,使得大袋口处可予先剖开,腰节省下端尖省变为平头省,省尖消失,并且可随意调节腰节省的大小。

(2) 使省尖处平服自然。由于腋下省省尖下移且过渡自然,腰节省省尖消失,使大袋口处产生平服自然的效果。

(3) 可方便调节下摆大小。

(4) 由于袋口处剖开并加入肚省,对于特殊体型,如挺胸体、凸肚体等体型的调节更加方便有利。

七、绘图题

略。

综合模拟试题(四)答案

一、填空题

1. 生产工序　　　流水作业
2. 1
3. 略长　　　14~16　　　16
4. 1~2
5. B/10+5 cm　　　5.5　　　肚　　　0.8
6. 胸衬
7. 第二粒纽　　　2.5
8. 结构制图　　　缝制加工
9. 胸部　　　腰部　　　臀部
10. 速度快　　　误差小　　　保管　　　归档

二、选择题

1. A　　2. C　　3. B　　4. C　　5. D
6. C　　7. A　　8. D　　9. B　　10. B

三、判断题

1. ×　　2. ×　　3. ×　　4. ×　　5. √
6. ×　　7. √　　8. √　　9. ×　　10. √

四、解释术语

1. 丝缕指织物的经向、纬向、斜向,行业中称为直丝缕、横丝缕、斜丝缕。

2. 画顺是指直线与弧线或弧线与弧线的圆顺连接。

3. 捆势是裤后片比前片倾斜下移的程度,俗成捆势。

4. 眼刀是在裁片的某部位剪一小缺口,作定位标记用。

五、填图题

① 0.5 cm　　② 1.5 cm　　③ 0.5 cm　　④ 2 cm

⑤ 0.5 cm　　⑥ 0.5 cm　　⑦ 0.5 cm

六、简答题

1. 裁制女西服领胸省的方法和步骤是:

(1) 胸高点定位:取 24 cm 有上平线量下,作上平线的平行线,在平行线上取胸宽的 1/2,其交点即为胸高点。

(2) 领胸省位:在串口线上取 1 cm,由驳口线量出定点,连接胸高点作斜直线,在线上取比值 15∶2,使三角形的两边相等(省长 10~12 cm)。

(3) 领圈移位:连接原领肩点与胸高点作斜直线,在线上取比值 15∶2,使三角形的两边相等,得到新的领圈。

(4) 肩端点移位:连接原肩端点与胸高点作斜直线,在线上取比值 15∶2,使三角形的两边相等,得到新的肩端点。

(5) 肩斜线移位:连接新的领肩点与新的肩端点,得到新的肩斜线(因装垫肩,肩斜线在原有基础上抬高 0.7 cm)。

2. 方角形领圈中将竖直方向的领圈线处理为弧形的原因是在后领圈基本稳定的前提下,将前领圈竖直方向的领圈线处理成略带弧形的形状,以使前后领圈能圆顺地连接。

3. 服装样板上眼刀标明的部位有:① 缝份和贴边的宽窄;② 收省的位置和大小;③ 开衩的位置;④ 零部件的装配位置;⑤ 缝纫装配时的对刀位置;⑥ 贴袋、袖头等的前侧和上端;⑦ 折裥、缉裥、缝线的位置或细褶的起止点;⑧ 裁片对条、对格的位置;⑨ 其他需要标明的位置。

七、绘图题

略。

综合模拟试题(五)答案

一、填空题

1. 包编号　　件编号　　缝份

2. 1

3. 短于　　大　　22~30

4. 8~11

5. 2/10N+0.2 cm　　S/2−0.7 cm

6. 前腰节长/5

7. 3.5　　2.5

8. 1　　3　　2.5

9. 款式　　成人服装　　体型特征　　依据

10. 线条清晰　　　制图方便　　　速度快

二、选择题
1. A　　2. C　　3. A　　4. A　　5. B
6. A　　7. B　　8. B　　9. C　　10. A

三、判断题
1. ×　　2. √　　3. √　　4. ×　　5. ×
6. ×　　7. ×　　8. √　　9. √　　10. √

四、解释术语
1. 比值是指取自于直角三角形两直角边的数值,它代表一个角度。
2. 登闩是指衣服底边处的镶边,特指夹克衫的底边。
3. 折转是指一片不裁开的面料对折或折叠。
4. 总图推档法是以最小档或最大档规格的样板为基础,按规格系列作出最大档或最小档规格的样板,然后通过逐次等分制出中间各档规格的样板。

五、填图题
1. ① 8 cm　　② 2.5 cm　　③ 1 cm　　④ 4 cm
   ⑤ 10 cm　　⑥ 0.5 cm　　⑦ 黑炭衬　　⑧ 针刺棉
2. ① 2.5 cm　　② N/5+0.5　　③ 前小肩+0.7　　④ B/6+2.5
   ⑤ 2 cm　　⑥ 1 cm

六、简答题
1. 分割线的表现形式大致有三种:一是部位分割,即在领口、肩缝、袖窿处分割;二是方向分割,即纵向、横向、斜向的分割;三是形式分割,即平行、垂直交错分割。

2. 按胸围推算领圈的不合理性是:对于开门领,以往多采用按胸围推算领圈的方法,虽然可以减少领围的测量环节,计算较简便,但仍有其不合理性,如:

(1) 一般由胸围推算得到的前领宽规格,实际含有劈门在内,这就给劈门量的确定带来困难,会给初学者造成一定的误解。

(2) 由于无明确的劈门线,前肩宽只能从前中线起量,因此形成开门领的前肩宽计算公式与关门领结构得前肩宽计算公式不一致,增加了记忆上的负担。

3. 常见的服装样板推档方法有总图推档法和逐档推档法。总图推档法的优点是适合多档规格的推档,档数越多,效率越高,精确度高且便于技术存档;缺点是步骤繁复,速度较慢。逐档推档法的优点是较灵活,适合有规律或无规律的跳档,速度较快;缺点是当档数较多时,存在一定的误差。

七、绘图题
略。

综合模拟试题(六)答案

一、填空题
1. 服装号型系列
2. 凡立丁　　　女衣呢

3. 省缝　　实用性　　装饰性
4. 臀围线　　15∶3.5
5. 摆角　　驳头　　袋型
6. 2.5　　平齐
7. 整齐　　庄严　　朴实
8. 圆弧　　15∶8
9. 整片衣料
10. 3　　1/3 胸围档差　　1　　0.7　　0.3

二、选择题

1. B　　2. A　　3. D　　4. B　　5. A
6. B　　7. C　　8. B　　9. A　　10. C

三、判断题

1. √　　2. ×　　3. ×　　4. ×　　5. ×
6. √　　7. ×　　8. √　　9. ×　　10. ×

四、解释术语

1. "型"是指围度,以厘米表示人体胸围或腰围,是设计服装肥瘦的依据。
2. 开剪线路是指开剪时剪刀的进刀和出刀的程序。
3. 毛样是裁剪尺寸,包括缝份、贴边等。
4. 逐档推档法是以中间规格的样板为基础,按规格系列采用推一档制作一档的方法,制出各档规格的样板。

五、填图题

① N/5-1 cm　　⑥ 袖口
② N/5+2 cm　　⑦ B/4 cm
③ 衣长　　　　⑧ 前腰节长
④ 出手　　　　⑨ 1.3 cm
⑤ B/5+4 cm　　⑩ 1 cm

六、简答题

1. 西服前领圈画成方角形的原因是:
（1）驳领领圈一般不外露,画成方角形不影响外观效果。
（2）缝制方便且准确,其角点可作为定位标记,减少绱领误差。
（3）画成方角形,可使西服串口线挺直,而且便于领里和领面串口线错位,可减少小串口厚度。

2. 在上衣结构制图中,经常采用撇胸的方法来达到一定的工艺要求。撇胸的主要作用是利用撇胸可分散或消除胸省,达到适身合体和简洁无省的目的。对于适体程度的男装,如中山服就需要用撇胸的方式进行处理。而合体程度较高的女装,如女西服,则适合利用撇胸与胸省、及底边起翘相结合的方式,取得前后腰节的平衡,使服装称身合体。

撇胸的大小,主要受人体体型,如胸部的隆起程度、服装款式和造型、服装面料厚薄和质地性能等多种因素的影响。

3. 检查与复核样板的内容包括:① 型号、款式与规格;② 组合结构是否合理;③ 样板跳档是否合理;④ 贴边与缝份是否符合工艺要求;⑤ 组合部位里外匀吃势是否恰当;⑥ 样板规格与面料缩率是否相符;⑦ 省、裥、袋位标记和眼刀、钻眼是否正确;⑧ 样板规格与缝缉线缩率是否相符;⑨ 样板的文字标记是否清楚准确,有否遗漏;⑩ 样板的丝绺标记是否准确;⑪ 样板的面、里、衬、毛样、劈样、净样等字样和样板所需的数量是否标明。

七、绘图题

略。

附录 部分省市对口升学考试及对口升学模拟考试试卷

2008年河南省对口升学考试服装类专业课试卷

总 分		核分人	

服装结构制图(100分)

一、选择题(每小题2分,共30分。每小题中只有一个选项是正确的,请将正确选项的序号填在题后的括号内)

1. 测量腰围时,以_____为测点,用软尺测量最细部所得的水平围度。(　　)
   A. 肘部　　　　　B. 尺骨茎突点　　　C. 肋弓与髂嵴之间　　　D. 大转子

2. 我国成年男性、女性人体身高的比例约为_____个头长。(　　)
   A. 8　　　　　　B. 7　　　　　　　C. 9　　　　　　　　　D. 7~7.5

3. 服装制图腰围线的部位代号是(　　)
   A. BL　　　　　B. WL　　　　　　C. HL　　　　　　　　D. EL

4. 国家服装号型标准中,5·4A女子号型系列中A表示胸腰落差_____。(　　)
   A. 24~19 cm　　B. 18~14 cm　　　C. 13~9 cm　　　　　D. 8~4 cm

5. 国家服装号型标准中,号和型分别表示_____。(　　)
   A. 身高和胸围　　　　　　　　　　B. 衣长和胸围
   C. 身高和胸围、腰围　　　　　　　D. 衣长和腰围

6. 对大多数的体型来说,男性的肩斜角度_____女性。(　　)
   A. 大于　　　　B. 小于　　　　　C. 等于　　　　　　　D. 大于或等于

7. 按国家标准推荐的服装规格,连衣裙、旗袍的胸围放松量是(　　)
   A. 16 cm　　　　B. 18 cm　　　　C. 14 cm　　　　　　D. 6~8 cm

8. 在按省道的形态分类中,_____省为省的形态之一。(　　)
   A. 丁字形　　　B. 弧形　　　　　C. 宝塔形　　　　　　D. 多样形

9. 一步裙的前后裙片的臀围大小是:前片_____后片。(　　)
   A. 大于　　　　B. 小于　　　　　C. 等于　　　　　　　D. 小于或等于

10. 牛仔裤制图时,后裆宽的计算公式为(　　)
A. $\dfrac{H}{10}$　　　　B. $\dfrac{H}{10}-1$　　　　C. $\dfrac{0.4H}{10}$　　　　D. $\dfrac{0.4H}{10}+0.3$

11. 男西短裤的后裆低落量为_____。(　　)
A. 1 cm　　　　B. 1.5 cm　　　　C. 2.5 cm　　　　D. 0.7 cm

12. 日本文化式女装裙子原型的臀围放松量为_____。(　　)
A. 2 cm　　　　B. 4 cm　　　　C. 10 cm　　　　D. 5 cm

13. 日本文化式女装上衣原型的背宽线的计算公式为_____。(　　)
A. $\dfrac{B}{6}+4.5\ cm$　　B. $\dfrac{B}{6}+3\ cm$　　C. $\dfrac{B}{20}+2.9\ cm$　　D. $\dfrac{B}{6}+7\ cm$

14. 西服翻驳领的配领制图中,领角大为_____。(　　)
A. 4 cm　　　　B. 3 cm　　　　C. 3.5 cm　　　　D. 5 cm

15. 日本文化式女装上衣原型板,前肩线和后肩线相比_____。(　　)
A. 短 1.8 cm　　B. 短 1.5 cm　　C. 短 0.3 cm　　D. 二者相等

二、判断题(每小题 2 分,共 20 分。正确的,在题后括号内打"√",错误的打"×")

16. 测量前腰长(女)时,人体立姿,用软尺测量自肩颈点经乳峰点至腰围线所得的距离。(　　)
17. 在服装制图术语中,困势是指根据规格尺寸,直线部位需偏进的量。(　　)
18. 在袖窿弧长一定的条件下,袖山越深,袖肥就越小,袖子较贴体合身。(　　)
19. 通过收省既能满足人体球面形态的要求,又能形成各种宽松的形态。(　　)
20. 领与领圈的组合,一般要求领脚弧线应大于领圈弧线 0.8 cm 左右。(　　)
21. A 字裙主要是采用褶裥来增加人体下肢的活动量。(　　)
22. 两片式插肩袖的袖中线应略向后偏移。(　　)
23. 在女西裤制图中,将后腰围大三等分点定为两只后省的位置。(　　)
24. 男衬衫的下摆也可以采用圆下摆,这时底边的放缝应为 0.8~1 cm。(　　)
25. 日本文化式上衣原型的胸围放松量为 10 cm,当所需的成品胸围放松量减小时,一般后片的减小量大于前片。(　　)

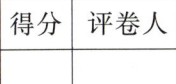三、简答题(3 小题,共 20 分)

26. 简述人体测量的方法。(7 分)
27. 简述省道的作用,并举例说明。(6 分)
28. 简述服装结构制图的一般步骤。(7 分)

四、服装制图题(2小题,共30分)

29. 按 1∶5 的比例绘制男西短裤的前裤片结构图(10分)

要求:① 按下表的成品规格绘制: 单位 cm

号型	部位	裤长	腰围	臀围	脚口
170/70A	规格	42	72	96	26

② 制图轮廓线准确、圆顺,比例关系正确。
③ 准确使用制图线条和符号,标注必要的制图公式与定数。
④ 保留必要的辅助线,保持图面清洁、工整。

30. 按 1∶5 的比例绘制双排扣戗驳领女西服的前衣片结构图。(20分)

要求:① 按下表的成品规格绘制: 单位 cm

号型	部位	衣长	胸围	肩宽	前腰节长
165/86A	规格	68	100	42	41.5

② 制图轮廓线准确、圆顺,比例关系正确。
③ 准确使用制图线条和符号,标注制图公式与定数完备、准确。
④ 保留必要的辅助线,保持图面清洁、工整。

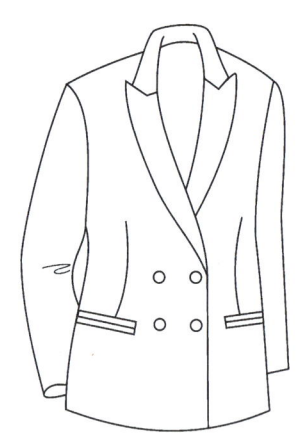

服装制作工艺(100分)

五、选择题(每小题2分,共20分。每小题中只有一个选项是正确的,请将正确选项的序号填在题后的括号内)

31. 两层衣片平缝后,毛缝向两边分开的机缝缝型是( )

A. 分缉缝   B. 坐缉缝   C. 分缝   D. 压缉缝

32. 下列选项不属于缝纫型式的形成要素是(　　)
A. 线迹   B. 缝迹   C. 针迹   D. 缝纫设备

33. 装西服裙拉链时先将拉链定位在里襟上,然后将右后片开门处折转,靠近拉链齿边上约离开拉链中心_____cm,压 0.1 cm 上口。(　　)
A. 0.4~0.5   B. 0.8~0.9   C. 1.5~1.8   D. 2~2.5

34. 装男西裤门襟拉链时将拉链拉开,左面拉链的正面与门襟贴边正面相叠,拉链齿上端离开门襟止口_____cm,下端离开门襟止口 0.8 cm。(　　)
A. 2   B. 1   C. 3   D. 4

35. 在做男衬衫翻领时,为了减少领角厚度,可在_____剪去一角。(　　)
A. 领头处   B. 领中部   C. 领上边处   D. 领下边处

36. 缝合衬衫摆缝和袖底缝时,_____是从袖口向下摆方向缝合。(　　)
A. 左身   B. 右身   C. 左、右身   D. 前身

37. 在做女上装领子时,领面的_____要粘上黏合衬。(　　)
A. 四周   B. 正面   C. 反面   D. 领角

38. 制作女衬衫如果袖克夫用夹缉方法,反面坐缝不能超过(　　)
A. 1 cm   B. 2 cm   C. 0.8 cm   D. 0.3 cm

39. 在制作夹克衫装登闩时将登闩夹里与下列_____相叠,缉线 0.8 cm。(　　)
A. 大身正面   B. 大身反面   C. 登闩正面   D. 登闩反面

40. 开男西服手巾袋袋口时,袋口两端剪成_____,注意不能剪断缉线。(　　)
A. 长方形   B. 三角形   C. 菱形   D. 梯形

六、判断题(每小题 2 分,共 30 分。正确的,在题后括号内打"√",错误的打"×")

41. 正确掌握熨烫温度是指掌握熨斗温度,与织物耐热度无关。(　　)

42. 黏合衬黏合三要素是指黏合温度、黏合压力和黏合时间。(　　)

43. 在缝纫型式的图示方法中规定缝料有边限以直线表示。(　　)

44. 归就是归拢,把衣片某一部位按预定要求伸长。(　　)

45. 制作西服裙一般是先做腰头、装腰头,再缝合侧缝,装拉链。(　　)

46. 男、女西裤装腰头时把腰里的眼刀对准腰节对应位置,腰里在上,裤片在下,缝头对齐。(　　)

47. 缝合西裤侧缝和下裆缝时都是把后裤片放在下层,前裤片放在上层。(　　)

48. 女、男西裤整烫步骤是相同的,因为二者款式是相同的。(　　)

49. 在缝合衬衫领里、领面时注意领角处不可缺针或过针。(　　)

50. 缝合女上衣前、后刀背缝的工艺方法是相同的。(　　)

51. 整烫女西服衣袋时在袋盖两角处用手指朝里捻一下,使之窝服。(　　)

52. 西服领里在黏合衬工艺中一般不采用法兰绒布。(　　)

53. 敷男大衣牵带时将衣片反面向上摆平,敷黏合衬牵带,在领串口和驳角处平敷,在驳头外口中段要略敷紧些,在驳头扣眼以下止口平敷,下角、底边和驳口略敷紧。（   ）

54. 女大衣对领子的工艺要求是平挺、窝服、对称、左右领互差不大于0.2 cm,绱领端正,领窝圆顺、平服,左右肩缝对称,互差不大于0.4 cm。（   ）

55. 女大衣对工艺技术要求很严格,门襟止口要求顺直,长短一致,互差不大于0.4 cm。（   ）

七、看图解答题（10分）

56. 在下图横线上填出相关部位的男西服袖山头吃势量及车缉男西服袖窿的工艺要求。

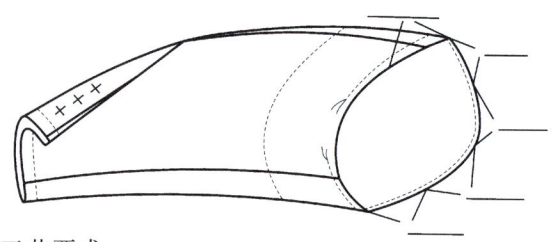

车缉男西服袖窿的工艺要求：

八、简答题（每小题6分,共30分）

57. 简述装男西裤斜插袋、合侧缝的工艺要求。

58. 简述熨烫西裤下裆和前后烫迹线的工艺方法。

59. 简述男、女衬衫成品的质量要求。

60. 简述男衬衫做、装胸贴袋的工艺方法。

61. 简述归拔男西服后衣片的工艺方法。

九、问答题（10分）

62. 检验男西服质量的方法和标准有哪些?

河南省2010年普通高等学校对口招收中等职业学校毕业生考试

服装类专业课试题卷

考生注意:所有答案都要写在答题卡上,写在试题卷上无效

一、选择题(服装结构制图1-15;服装制作工艺16-25。每小题2分,共50分。每小题中只有一个选项是正确的,请将正确选项涂在答题卡上)

1. _____是前后衣片的分界线,是服装的主要支承点。
   A. 颈部　　　　B. 肩部　　　　C. 腰部　　　　D. 胸部
2. 用来表示服装裁片及零部件外部轮廓的制图线条是_____。
   A. 结构线　　　B. 基础线　　　C. 轮廓线　　　D. 辅助线
3. 服装制图时,需要标明直距离的尺寸时,尺寸数字一般应标在尺寸线的_____。
   A. 上方中间　　B. 下方中间　　C. 右面中间　　D. 左面中间
4. 服装结构制图时,要先定长度再定宽度,后画_____。
   A. 直线　　　　B. 斜线　　　　C. 弧线　　　　D. 辅助线
5. 女春秋衫进行服装制图时,后肩斜线设计有_____吃势。
   A. 1.2 cm　　　B. 0.7 cm　　　C. 1.5 cm　　　D. 1.3 cm
6. 西裤结构中前裆宽的计算公式是_____。
   A. H/10　　　　B. 0.4H/10　　C. 0.5H/10　　D. 0.6H/10
7. 凸腹体在制作上衣时,需要在一般测体的基础上加量_____。
   A. 后腰节长　　B. 前腰节长　　C. 后衣长　　　D. 前衣长
8. 合理套排的目的是_____。
   A. 大小搭配　　B. 缺口合并　　C. 减少空隙　　D. 提高面料的利用率
9. 裥两端折叠量不同,但其变化均匀,外观形成一条条互不平行的直线,常用于裙片的设计的是_____。
   A. 直线裥　　　B. 顺风裥　　　C. 斜线裥　　　D. 曲线裥
10. 男衬衫胸围放松量一般为_____。
    A. 14~16 cm　　B. 16~18 cm　　C. 18~20 cm　　D. 20~22 cm
11. 夹克衫是一种衣长较短,宽_____紧袖口、紧下摆式样的上衣。
    A. 胸围　　　　B. 腰围　　　　C. 臀围　　　　D. 颈围
12. 女春秋衫的用料:衣长+袖长+_____。
    A. 4 cm　　　　B. 5 cm　　　　C. 6 cm　　　　D. 7 cm
13. 男衬衫袖衩放缝要求是四周各放_____。
    A. 0.6 cm　　　B. 0.7 cm　　　C. 0.8 cm　　　D. 1 cm

14. 裙子从裁片结构上来分,一般可分为直裙、斜裙和_____。
   A. 拼接裙　　　B. 西服裙　　　C. 多节裙　　　D. 窄裙

15. 普通女西裤一般为_____。
   A. 喇叭裤　　　B. 锥型裤　　　C. 紧身裤　　　D. 宽松裤

16. 倒钩针针法是自左向右缝一针后,再向_____后退一针。
   A. 左　　　　　B. 右　　　　　C. 后　　　　　D. 中间

17. 经纬纱向技术规定男西裤前身经纱以熨烫线迹为准,倾斜不大于_____。
   A. 1.0 cm　　　B. 1.5 cm　　　C. 0.8 cm　　　D. 0.5 cm

18. 水滴在熨斗底面发出短的"扑哧"声,水滴迅速扩散成小水珠,此时熨斗温度为_____。
   A. 100℃～120℃　B. 120℃～140℃　C. 140℃～170℃　D. 170℃～200℃

19. 女西服前袖缝的袖肘处_____,前袖缝上段_____,后袖缝袖肘以上_____。
   A. 归拢、略归、拔开　　　　　　　　B. 拔开、归拢、略归
   C. 拔开、略归、归拢　　　　　　　　D. 拔开、归拢、归拢

20. 手缝工艺符号"⟋⟋⟋"表示的是_____。
   A. 拱针　　　　B. 纳针　　　　C. 缲针　　　　D. 倒钩针

21. 夹克衫缉底边止口线的长度是_____左右。
   A. 2 cm　　　　B. 2.5 cm　　　C. 2.2 cm　　　D. 3 cm

22. 服装缝纫符号"⊓⊓⊓⊓⊓"表示的是_____。
   A. 明裥　　　　B. 碎褶　　　　C. 罗纹　　　　D. 橡筋

23. 男西裤装门里襟拉链时,将右裤片里襟处的毛缝折转_____烫平,盖过装里襟拉链的缉线,从腰口向下缉_____清止口,拉合拉链,门襟止口盖过里襟处的缉线,上口_____,下口_____。
   A. 0.6 cm　0.3 cm　0.2 cm　0.1 cm　　B. 0.5 cm　0.3 cm　0.1 cm　0.2 cm
   C. 0.4～0.5 cm　0.1 cm　0.3 cm　0.1 cm　D. 0.4 cm　0.1 cm　0.3 cm　0.2 cm

24. 单嵌线后袋规格要求距腰口约_____。
   A. 8 cm　　　　B. 9 cm　　　　C. 6 cm　　　　D. 7 cm

25. 边沿活口的袋是_____。
   A. 吊袋　　　　B. 暗裥袋　　　C. 立体袋　　　D. 明裥袋

服装结构制图(70分)

二、**判断题**(每小题2分,共20分。在答题卡的括号内正确的打"√",错误的打"×")

26. 女性腰部呈扁圆状,小于胸围和臀围,侧腰部及后腰部呈单曲面状。

27. 颈椎点位于颈后第三颈椎骨,是脊骨最明显的地方,它是测量背长或后衣长的基准点。

28. 服装结构图是在服装设计效果图的基础上,按照服装结构的内部原理,画出衣片的各个部件,并详细标明各部位线条的绘制方法及计算公式。

29. 困势是根据规格尺寸,直线部位需偏出的量。

30. 国家服装号型标准以服装成品尺寸作为设计服装号型的基础。
31. 特殊体型是体型上发展不均衡,超越正常体型范围的各种体型。
32. 女裤设后袋,男裤一般不设后袋。
33. 西裤腰部收褶和省是为了处理人体的胸腰差。
34. 服装结构制图时应该先画外轮廓线,后画内部结构线。
35. 基型裁剪法是由服装成品胸围尺寸推算而得,各围度的放松量不必加入。

三、解答题(3小题,共20分)

36. 简述腰省和袖省的位置与作用。(6分)
37. 服装结构制图中,西裤前后片臀腰差的量应该如何处理?(6分)
38. 女衬衫的款式变化主要表现在哪几个方面?(8分)

四、制图题(2小题,共30分)

39. 绘制西服裙后片的结构图。(10分)

已知:① 款式特点:后片左右各两个腰省,下摆略放出一些,如图1所示。
　　② 制图规格如表1所示。

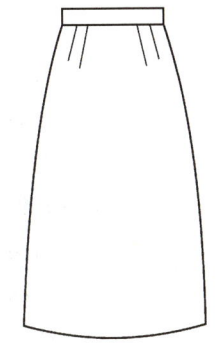

图1

表1　　　　　　　　　　　　　　　　　　　　单位 cm

号型	部位	裙长	腰围	臀围	臀长
160/62A	规格	62	62	92	18

要求:① 按照1∶5的比例制图;
　　　② 结构制图合理、正确;
　　　③ 线条平滑、圆顺,保留必要的辅助线,轮廓线清晰明显;
　　　④ 标注正确、清晰、完整;
　　　⑤ 卷面干净、整洁。

40. 绘制双排扣戗驳领男西服的前片结构图,其中领子不画,需要画出驳头和前领口线。(20分)

已知:① 款式特点:前片钉纽6粒,门襟锁两只扣眼,与里襟两粒扣扣合,门襟重叠量较多。左前胸手巾袋一只,两只大袋为双嵌线有袋盖开袋,下摆为方脚,腰节处收腰省和胁省,后片中缝开背缝,袖口开袖衩钉装饰扣,如图2所示。
　　② 制图规格如表2所示。

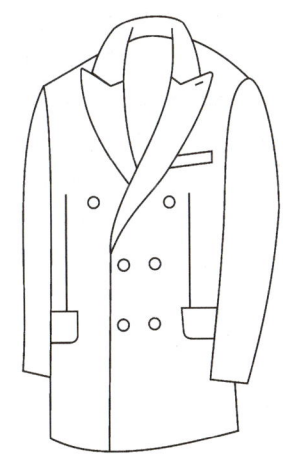

图2

表2　　　　　　　　　　　　　　　　　　　　单位:cm

号型	部位	衣长	胸围	肩宽	袖长	前腰节长	AH
170/88A	规格	72	106	44.6	58.5	42	52

要求:① 按照 1∶5 的比例制图;
② 结构制图合理、正确;
③ 线条平滑、圆顺,保留必要的辅助线,轮廓线清晰明显;
④ 标注正确、清晰、完整;
⑤ 卷面干净、整洁。

服装制作工艺(80 分)

五、判断题(每小题 2 分,共 30 分。在答题卡的括号内正确的打"√",错误的打"×")

41. 打线丁是用于中、高档服装制作工艺中做标记的方法。
42. 男西服复胸衬要特别注意面、衬的松紧、丝道和左右条格对称。
43. 夹克衫制作的重点和难点是装拉链、装领、装袖克夫。
44. 熨烫时熨斗应沿衣料的纬纱方向来回移动。
45. 女西裤裁配左、右袋布时,左袋布下层比上层放出 1.5 cm,右袋布下层比上层放出 0.7 cm。
46. 荡是用装饰布条镶拼于衣片中间的一种工艺。
47. 服装成品名词术语是为服装安全生产、技术交流和贸易交往统一制定的。
48. 花绷针针法与三角针针法相同。
49. 男西裤装腰头时,前平、中微紧、后稍松,使腰头上口顺直,前后平服,臀部饱满。
50. 男衬衫装领时,底领领面的下口与衬衫领圈对齐,正面相对;起落针时,底领比门里襟缩进 0.1 cm,从门襟开始缉线 0.5 cm,注意眼刀对准相应部位。
51. 旗袍制作的传统手工工艺——用暗线滚边,现在已经不多用了。
52. 机针型号规格号码越小针身越粗。
53. 衣片缝合时为保持上下松紧一致,一般采用上层推送下层拉紧的操作方法。
54. 女大衣的里袋装在右襟挂面与里子缝处,在第一档眼位和第二档眼位之间,袋口大 14 cm。
55. 成衣品质检验是对服装制作过程中所有工序质量的总检验。

六、看图解答题(10 分)

56. 用文字说明下图所示工艺和具体缝制要求,并在图中 3 处括号内填上相应的数据(单位:cm)。

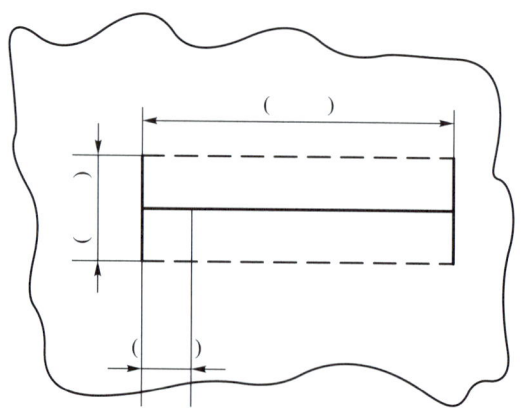

七、简答题（每小题6分,共30分）

57. 简述男西服装袖的对档位置。
58. 简述女衬衫的工艺流程。
59. 简述女西服复挂面的工艺。
60. 简述成衣品质检验标准中男西裤的整烫外观规定。
61. 简述夹克衫的面料类部件。

八、问答题（10分）

62. 怎样抽好女上衣袖山吃势？

参 考 答 案

一、选择题（服装结构制图1~15;服装制作工艺16~25。每小题2分,共50分）

1. B	2. C	3. D	4. C	5. B
6. B	7. C	8. D	9. C	10. D
11. A	12. B	13. C	14. A	15. B
16. A	17. A	18. C	19. C	20. C
21. B	22. D	23. C	24. D	25. A

服装结构制图（70分）

二、判断题（每小题2分,共20分）

| 26. × | 27. × | 28. × | 29. √ | 30. × |
| 31. √ | 32. × | 33. × | 34. √ | 35. √ |

三、解答题（3小题,共20分）

36. （1）腰省是省根在腰节部位的省道,是解决胸腰差、臀腰差的最佳方法。它起到收缩腰部,凸出胸部,显示人体曲线美的作用。（3分）

（2）袖省是在袖子肘部凸出部位、袖口等收的省,常用于一片式衬衫袖,收袖省后可以使袖子平整适体。（3分）

37. （1）前片采用收褶裥及在两侧劈去一些来处理。（3分）

（2）后片采用收省的方法。（3分）

38. （1）放松度,根据胸围放松量大小,可分为紧身型、适体型和宽松型。（2分）

（2）衣身的变化,可以做分割、长短等各种变化。（2分）

（3）衣领的变化,可以是无领,也可以设计成关领、立领、结带领等。（2分）

（4）衣袖的变化,有插肩袖、圆装袖等。（2分）

说明:只要同答案表达意思相同或相近即可。

四、制图题（2小题,共30分）

39. 答案如图1所示:

评分标准:① 按照1:5的比例制图;结构制图合理、正确。（6分）

② 线条平滑、圆顺,保留必要的辅助线,轮廓线清晰明显。(1分)

③ 标注正确、清晰、完整。(2分)

④ 卷面干净、整洁。(1分)

说明:标注时,只需主要部位标注清晰、准确即可。

40. 答案如图 2 所示:

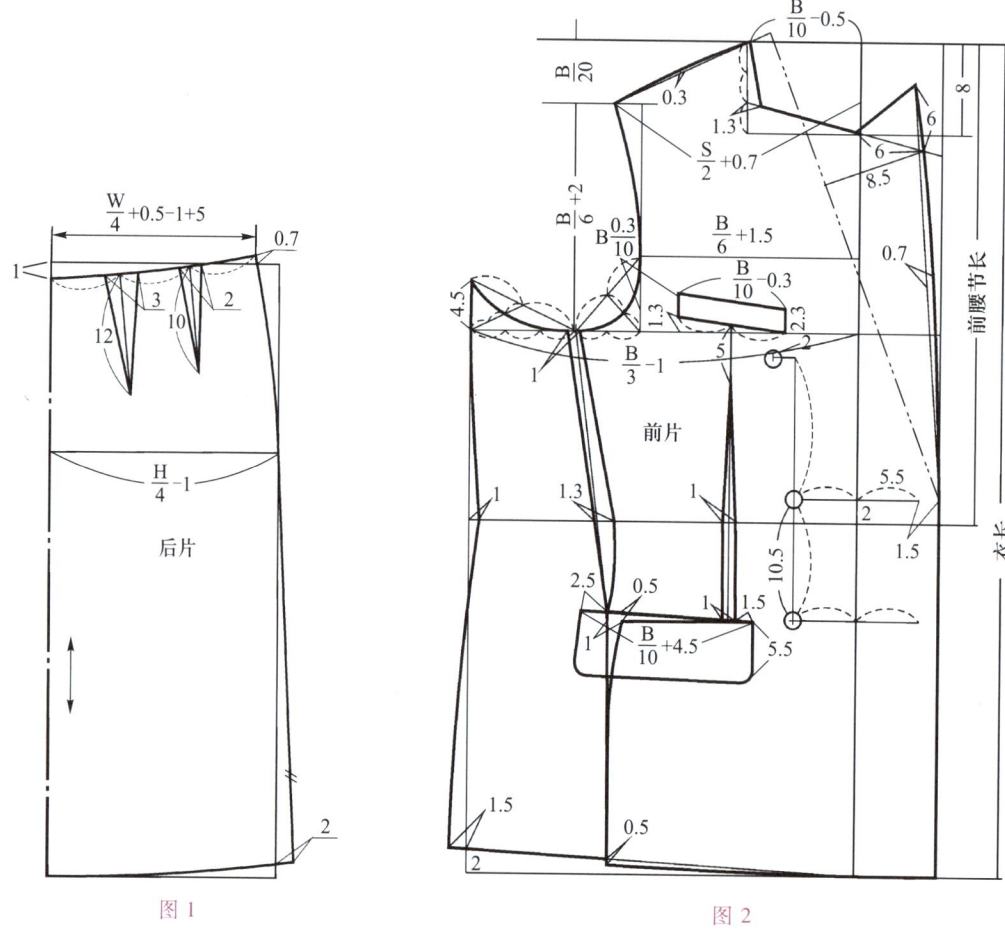

图 1　　图 2

评分标准:① 按照 1∶5 的比例制图;结构制图合理、正确。(12分)

② 线条平滑、圆顺,保留必要的辅助线,轮廓线清晰明显。(2分)

③ 标注正确、清晰、完整。(4分)

④ 卷面干净、整洁。(2分)

说明:标注时,只需主要部位标注清晰、准确即可。

服装制作工艺(80分)

五、判断题(每小题2分,共30分)

41. ×　　42. √　　43. ×　　44. ×　　45. √

| 46. × | 47. × | 48. √ | 49. × | 50. × |
| 51. √ | 52. × | 53. √ | 54. √ | 55. √ |

六、看图解答题（10分）

56. 女西服开扣眼(2分)。女式西服扣眼,用本色斜料做眼布。扣眼有头、尾之分,头端有三角圆头小孔,以便纽扣进入后,纽位平服舒坦(2分)。它的工艺流程是:画扣眼、缉扣眼、剪扣眼、翻烫扣眼、熨烫嵌线(3分)。

七、简答题（每小题6分,共30分）

57. 一般装袖的对档位置有三个:① 前袖缝对前袖窿对档(2分);② 袖山头对肩缝(2分);③ 后袖缝对后背高线(2分)。

58. 女衬衫的工艺流程:做缝制标记、收省、烫门里襟挂面(2分);烫省、缝合肩缝、做领、装领、做袖子、装袖、缝合摆缝和袖底缝(2分);装袖克夫、卷底边、锁眼与钉纽、整烫、检验(2分)。

59. 女西服覆挂面的工艺:① 做前身夹里,前片夹里与挂面缝合,缝份向夹里坐倒,可在夹里一边缉 0.1 cm 止口线固定(2分);② 攥挂面,挂面与大身正面相对放准,驳头缺嘴至底边攥线(2分);③ 缉止口,大身放上面,沿止口净粉线缉挂面(2分)。

60. 男西裤的整烫外观规定:① 各部位熨烫平服、整洁,无烫黄、水渍、亮光(2分);② 粘黏合衬部位不允许脱胶、渗胶及起皱(2分);③ 烫迹线顺直,臀部圆顺,裤脚平直(2分)。

61. 前衣片四片,后衣片四片,挂面两片,领面两片(2分);领里两片,袖片四片,袖克夫面、里连口两片(2分);袋口嵌线布两片,袋垫布两片,扣袢连口两片,后领贴边一片(2分)。

八、问答题（10分）

62. 方法一:用较长针距线在袖山毛缝处离边 0.3 cm 和 0.6 cm 机缝两道(1分)。从袖后缝开始至前偏袖抽吃势,小袖底一段横丝部位可不抽(2分)。吃势在前后袖山一段略多,前袖山斜坡吃势量略少于后袖山,袖山最高点处少放吃势(2分)。吃势量可根据面料质地收进 3 cm 左右(1分)。

方法二:用 45° 正斜里料抽袖山吃势(2分)。袖条宽 1.5 cm 左右,沿袖山净线外侧 0.3 cm~0.4 cm 处,用较大针迹车缉在袖山头反面,吃势要求与机缝相同(2分)。

河南省2011年普通高等学校对口招收中等职业学校毕业生考试

服装类基础课试题卷

考生注意：所有答案都要写在答题卡上，写在试题卷上无效

一、**选择题**（服装材料1～20；服装设计基础21～40。每小题2分，共80分。每小题中只有一个选项是正确的，请将正确选项涂在答题卡上）

1. _____不属于天然纤维。
   A. 植物纤维　　　　B. 矿物纤维　　　　C. 动物纤维　　　　D. 竹碳纤维

2. _____具有"轻、薄、软、滑"的特点，被称为"软黄金"，是珍贵的纺织纤维。
   A. 羊绒　　　　　　B. 兔毛　　　　　　C. 绵羊毛　　　　　D. 骆驼毛

3. 市场中服装原材料斯潘特克斯指的是_____。
   A. 涤纶　　　　　　B. 锦纶　　　　　　C. 氨纶　　　　　　D. 丙纶

4. 泡泡纱、府绸、法兰绒、凡立丁等织物的组织均为_____。
   A. 平纹组织　　　　B. 斜纹组织　　　　C. 缎纹组织　　　　D. 罗纹组织

5. _____织物横向的延伸性和弹性与纵向的接近，且不会产生卷边。
   A. 平纹组织　　　　B. 双反面组织　　　C. 罗纹组织　　　　D. 经缎组织

6. 纤维的抗皱性决定于纤维的初始模量，化学纤维中_____的初始模量最大。
   A. 涤纶　　　　　　B. 丙纶　　　　　　C. 氯纶　　　　　　D. 锦纶

7. 最不耐穿的且具有低强低伸性的材料是_____。
   A. 腈纶　　　　　　B. 锦纶　　　　　　C. 涤纶　　　　　　D. 麻

8. 在经纬密度较大的紧密织物中，_____的耐磨性最好。
   A. 缎纹组织　　　　B. 平纹组织　　　　C. 斜纹组织　　　　D. 原组织

9. 具有蓬松、挺括抗皱，质量轻、耐光性好的化学纤维织物是_____。
   A. 亚麻纤维织物　　B. 涤纶纤维织物　　C. 维纶纤维织物　　D. 腈纶纤维织物

10. 具有质地紧密、布面平整光洁、纹路清晰、富有弹性、光泽柔和、色调优雅、手感柔软、保暖性好特点的织物是_____。
    A. 杭纺　　　　　　B. 双宫绸　　　　　C. 府绸　　　　　　D. 贡呢

11. 所有纺织纤维中最轻的是_____。
    A. 大豆纤维　　　　B. 甲壳素纤维　　　C. 丙纶纤维　　　　D. 涤纶纤维

12. 外观挺括抗皱、坚牢耐磨、贴身面柔软、吸湿透气，适合做运动服的织物是_____。
    A. 仿麂皮织物　　　B. 驼绒　　　　　　C. 马裤呢　　　　　D. 纬编涤盖棉

13. 夏季女性的休闲西服，常采用的夹里是_____。
    A. 活络式夹里　　　B. 固定式夹里　　　C. 全夹里　　　　　D. 半夹里

14. 能使服装显得雍容华贵、美观大方的装饰材料是_____。
A. 流苏 B. 珠子和光片 C. 绦子 D. 丝带
15. 表面毛孔排列清晰,并呈现规则性鱼鳞状的皮革是_____。
A. 山羊皮 B. 鳄鱼皮 C. 黄牛皮 D. 猪皮
16. 常见的以缎面为反面的织物是_____。
A. 香云纱 B. 素绉缎 C. 织锦缎 D. 古香缎
17. 适合洗涤真丝和羊毛类服装的洗涤剂是_____。
A. 合成洗衣粉 B. 肥皂 C. 香皂 D. 皂片
18. 在服装洗涤的过程中,一般丝绸织物服装的浸泡时间为_____。
A. 30 分钟 B. 5 分钟 C. 4 小时以上 D. 随泡随洗
19. 洗涤温度对洗涤效果影响很大,一般化纤织物的洗涤温度应为_____。
A. 60℃左右 B. 50℃左右 C. 5℃左右 D. 30℃左右
20. 服装设计中设计的重点应放在服装外形变化上,不宜做过多抽褶处理的织物是_____。
A. 毛织物 B. 麻织物 C. 棉织物 D. 化纤织物
21. 绘画透视主要研究如何在画面上表现物体的_____。
A. 空间感和立体感 B. 立体感和画面感
C. 平面感和画面感 D. 空间感和画面感
22. 下列颜色中,纯度最高和明度最高的颜色分别是_____。
A. 橙色和蓝色 B. 紫色和黄色 C. 红色和黄色 D. 蓝色和黄色
23. 10 个半头高的人体中,一般腰宽和肩宽取_____。
A. 1.5 个头长和 2 个头长 B. 1 个头长和 1.8 个头长
C. 2 个头长和 3.5 个头长 D. 1 个头长和 2.8 个头长
24. 侧面人体的勾画,关键在于对_____特征的表现。
A. 头、胸、臀三体积的厚度和角度 B. 头、胸、肢体的形态
C. 头、胸、颈部的形态和角度 D. 头、肩、胸的形态和角度
25. 点的位置处于画面_____位置时,虽然能使画面有安定感,但却易被忽视。
A. 中央 B. 偏上 C. 偏下 D. 偏左上
26. 具有活泼、动感特性,方向性明显,同时给人飞跃、冲刺等印象的线是_____。
A. 垂直方向的线 B. 水平方向的线 C. 倾斜方向的线 D. 抛物线
27. 具有自然、柔软、流动美感的面是_____。
A. 几何形面 B. 自由形的面 C. 直线形的面 D. 倒三角形的面
28. 可以理解为空间中的时间性表现的空间是_____。
A. 一维空间 B. 二维空间 C. 三维空间 D. 四维空间
29. 色彩构成的明度对比中,具有柔和的、幻想的、甜美的、稳定感觉的基调是_____。
A. 低明度组成的基调 B. 中明度组成的基调
C. 中长调组成的基调 D. 高明度组成的基调
30. 对比既有统一调和的效果,又有比较丰富、耐看特点的色相对比是_____。
A. 邻色对比 B. 类似色对比 C. 中差色对比 D. 互补色对比

31. 明度上差别较小,色相的表现力较强,两色邻接时,具有强烈的视觉效果,容易产生眩目效果、造成视觉疲劳的色彩搭配是_____。
   A. 红绿搭配　　　　B. 橙蓝搭配　　　　C. 紫黄搭配　　　　D. 红蓝搭配

32. 所有色彩中明度很低,并给人以高尚、华丽感的颜色是_____。
   A. 黄色　　　　　　B. 橙色　　　　　　C. 紫色　　　　　　D. 蓝色

33. 服装款式构成中,有轻柔感、女性化特征,但制作难度大的分割形式是_____。
   A. 竖线分割　　　　B. 横线分割　　　　C. 斜线分割　　　　D. 曲线分割

34. 下列选项中,具有画龙点睛、增强生命感作用的手法是_____。
   A. 强调　　　　　　B. 呼应　　　　　　C. 节奏　　　　　　D. 韵律

35. 具有一定恒常性,造型简洁大方、质朴无华美感的是_____。
   A. 条理　　　　　　B. 节奏　　　　　　C. 平衡　　　　　　D. 相对对称

36. 在服装设计中多用于前胸和后背的装饰纹样是_____。
   A. 单独纹样　　　　B. 二方连续纹样　　C. 角隅纹样　　　　D. 边缘纹样

37. 身材肥胖的人在选择有分割的上衣时,其分割形式最好为_____。
   A. 水平分割　　　　B. 斜线分割　　　　C. 竖向分割　　　　D. 曲线分割

38. 服装画中,一般以10个半头长作为参考人体尺寸的表现手法是_____。
   A. 写实手法　　　　B. 夸张手法　　　　C. 装饰手法　　　　D. 简化手法

39. 平涂勾线是服装画最基本的表现手段,勾画边线的标准流畅意指_____。
   A. 多用长线,少用碎线　　　　　　　　B. 多用细线,少用粗线
   C. 多用曲线,少用直线　　　　　　　　D. 多用碎线,少用细线

40. 利用牙刷、油画笔等工具喷出的色点,制作特殊的面料质地效果的方法,称为_____。
   A. 对印法　　　　　B. 纸拓法　　　　　C. 蜡笔法　　　　　D. 喷绘法

服装材料(80分)

二、判断题(每小题2分,共20分。在答题卡的括号内正确的画"√",错误的画"×")

(　　)41. 人造纤维素纤维是利用自然界中存在的棉短绒、木材等含有纤维素的物质制成的纤维。

(　　)42. 在化学纤维的截面上具有两种或两种以上成分的纤维称为异形纤维。

(　　)43. 夏布是一种手工苎麻布,常用来做蚊帐、麻衬、衬布等。

(　　)44. 氨纶纤维织物的耐磨性最好,适合做登山服。

(　　)45. 袋料的缩水率要大于面料,应易洗快干,染色牢度好。

(　　)46. 棉纤维和麻纤维的耐碱性都较差。

(　　)47. 麻是天然纤维中耐光性最好的纤维。

(　　)48. 纱线用水浸湿后强力明显下降,且面料增厚发硬的织物是涤丝绸织物。

(　　)49. 呢绒服装水洗后易皱缩变形,手感僵硬,一般以干洗为主。

(　　)50. 胖体型的人应该选择无光暖色调衣料,选择过厚或过薄的衣料可显收敛。

三、名词解释题(每小题4分,共20分)

51. 天然纤维

52. 纬纱

53. 断裂伸长率

54. 绉

55. 粗纺呢绒

四、简答题(4小题,共24分)

56. 简答亚麻织物的风格和应用。(4分)

57. 简述皮革质量鉴定的方法。(8分)

58. 简述怎样用燃烧法鉴别麻纤维和涤纶纤维。(8分)

59. 简述里料的作用。(4分)

五、应用题(16分)

60. 请为白领女主管选择一组制作中高档春秋西服的面料和辅料,并阐述所选面料的织物风格、辅料特点及选择理由。

要求:①所选面料以中高档为主;②从原料、组织、性能、质感、风格等方面阐述选择面料和辅料的理由;③辅料配置全面,包括里料、衬料等。

服装设计基础(90分)

六、判断题(每小题2分,共20分。在答题卡的括号内正确的画"√",错误的画"×")

( )61. 速写在于培养学生敏锐地观察生活、简练生动地捕捉形象的能力。

( )62. 勾画服装人体可以依据"动中取静,静中求动"的原则,确定人体姿态。

( )63. 立体构成是触觉艺术,它的空间具有浪漫和虚幻的效果。

( )64. 色彩对比的效果与面积的形状、大小关系不大。

( )65. 紫色非常脆弱,在混合中保持色相特征的能力极差。

( )66. 一般而言,胖人适合选择服饰图案较大且明亮的纹样。

( )67. 统一就是形态之间的相同和一致。

( )68. 时装画不但要具有一定的新鲜感和艺术感,同时也要满足参赛和竞标的需求。

( )69. 形式上,服装效果图以写实和简化手法最为多见。

( )70. 服饰的装饰纹样与服装的形式和风格密切相关。

七、名词解释题(每小题5分,共25分)

71. 色调

72. 五眼

73. 纸拓法

74. 色彩的调和

75. 二方连续图案

八、简答题(4小题,共23分)

76. 简单概括人体简化法中的人体形象特征。(6分)

77. 简述肌理在服装立体型中的应用。(6分)

78. 简述流行色变化的规律主要体现在哪些方面?(5分)

79. 简答装饰纹样应用时应注意哪些方面的内容?(6分)

九、绘图题(22分)

80. 以中国脸谱艺术为设计灵感,用装饰手法绘制一款时装画。

要求:(1)主题突出,构图完整,画面和谐,黑白、彩色均可。

(2)服装款式造型符合题意要求,纹样清晰,具有时尚感。

(3)画面整体效果协调,具有较强的艺术感染力。

(4)文字说明简明扼要。

河南省2012年普通高等学校对口招收中等职业学校毕业生考试

服装类专业课试题卷

考生注意：所有答案都要写在答题卡上，写在试题卷上无效

一、选择题（服装结构制图1~10；服装制作工艺11~20。每小题2分，共40分。每小题中只有一个选项是正确的，请将正确选项涂在答题卡上）

1. 号型为160/84A的女上衣，人体紧胸围是84 cm，放松量取12 cm，人体胸围与成品服装之间的间隙是_____。
   A. 3 cm   B. 2 cm   C. 1.6 cm   D. 2.5 cm

2. 在服装制图中，表示服装裁片及零部件外部轮廓的制图线条是_____。
   A. 基础线   B. 分割线   C. 结构线   D. 轮廓线

3. 根据我国GB/T 1335.2—97女子服装号型标准，体型符号A代表的胸腰落差范围是_____。
   A. 24~19 cm   B. 18~14 cm   C. 13~9 cm   D. 8~4 cm

4. 在服装制图中，_____的形状两端尖，中间宽，常用于上衣的腰省。
   A. 钉子省   B. 锥子省   C. 开花省   D. 橄榄省

5. 在进行上装的放缝时，上衣底边及袖口的缝份一般是_____。
   A. 2~3 cm   B. 3~4 cm
   C. 2.5~3.5 cm   D. 3~5 cm

6. 在裙装制图中，当全圆裙腰围为76 cm时，则制图时腰口半径R最接近_____。
   A. 11 cm   B. 12 cm   C. 13   D. 14 cm

7. 在女西裤的制图中，后裆宽的计算公式为_____。
   A. $\dfrac{H}{10}$ B. $H\dfrac{0.4}{10}$ C. $\dfrac{H}{10}+1$ D. $H\dfrac{0.4}{10}+5$

8. 在服装制图中，紧身型女衬衫胸围的放松量一般取_____。
   A. 2~4 cm   B. 4~6 cm   C. 6~8 cm   D. 10~12 cm

9. 在平驳领男西服两片袖的制图中，确定袖肥大小的公式是_____。
   A. $\dfrac{AH}{2}+0.3$ B. $\dfrac{B}{10}+4$
   C. $\dfrac{B}{5}-0.3$ D. $\dfrac{B}{5}+0.3$

10. 在文化式原型的制图中，裙子原型后中心腰口低下量取_____。
    A. 0.5~1 cm   B. 2~2.5 cm   C. 1.5~2 cm   D. 1~1.5 cm

11. 服装缝型图示 _____ 表示的是_____。

A. 坐缉缝　　　B. 坐倒缝　　　C. 分缉缝　　　D. 搭缝

12. 服装缝纫工艺符号 _____ 表示的是_____。

A. 拱针　　　B. 三角针　　　C. 缲针　　　D. 倒钩针

13. 下列选项中,不属于男西服对格对条部位的是_____。

A. 左右前身　　　　　　　　　B. 手巾袋与前身

C. 背缝　　　　　　　　　　　D. 袖山弧线与袖窿弧线缝合处

14. 服装熨烫工艺符号 _____ 表示_____。

A. 拉烫　　　B. 烫干　　　C. 黏合烫　　　D. 干烫

15. 女西裤裁配时,右直袋布下层比上层放出_____。

A. 1.5 cm　　　B. 0.7 cm　　　C. 1 cm　　　D. 0.5 cm

16. 装西服裙右后拉链时,将右后片开门处缝头折转,靠近拉链齿边沿,约离开拉链中心 0.4~0.5 cm,压缉_____止口。

A. 0.1 cm　　　B. 0.2 cm　　　C. 0.3 cm　　　D. 0.5 cm

17. 烫男衬衫过肩面时,过肩面肩缝缝头扣光_____。

A. 0.2~0.3 cm　　　　　　　　B. 0.3~0.4 cm

C. 0.5~0.6 cm　　　　　　　　D. 0.6~0.7 cm

18. 中山服前片缉腋省时要注意腋下 10 cm 处大片有_____左右的吃势。

A. 0.3 cm　　　B. 0.5 cm　　　C. 0.7 cm　　　D. 0.8 cm

19. 分烫男西服前片省缝时,要在腰节处丝绺向止口推出_____。

A. 0.1~0.3 cm　　　　　　　　B. 0.3~0.5 cm

C. 0.6~0.8 cm　　　　　　　　D. 0.8~1 cm

20. 女上衣翻烫止口时,止口翻出,拐角翻足,挂面坐进_____。

A. 0.1 cm　　　B. 0.2 cm　　　C. 0.3 cm　　　D. 0.5 cm

服装结构制图(80分)

二、判断题(每小题2分,共20分。在答题卡的括号内正确的画"√",错误的画"×")

(　)21. 人体测量的部位有18个垂直部位和8个水平部位。

(　)22. 褶裥是为了使服装适合人体体型曲线,在衣片上折叠的部分。

(　)23. 袖窿省是设在袖窿部位的省道,常做成锥形或弧形。

(　)24. 服装上许多衣片具有对称性,在排料时可以正反随意排,不会出现"一顺"现象。

(　)25. 男西裤前后脚口的差量一般是 4 cm。

(　)26. 女衬衫放缝时,挂面宽一般是 7 cm。

(　)27. 女春秋衫的后肩线设计有 1.5 cm 的吃势,根据面料的厚度,吃势量一般取 1~2 cm。

(　)28. 男西服制图时,在大口袋处收肚省一个,其量的大小应根据体型决定,胸腰差较小(B 体型或 C 体型)时,省量可略加大一些,相应在腰节处腰省量及侧缝劈量也减小一些。

(　　)29. 在服装制图时,应先画主部件,后画零部件。

(　　)30. 文化式袖原型制图时,袖山高的公式为 AH/4。

三、简答题(每小题 8 分,共 24 分)

31. 简述插肩袖制图的要点。

32. 简述裙子的分类。

33. 简述连腰型连衣裙的制图要点。

四、制图题(2 小题,共 36 分)

34. 绘制褶裥裙的 1/4 裙片结构图。(12 分)

已知:① 款式特点:1/4 裙片有 6 个褶裥,每个褶裥打开宽度为 2 cm。如图 1 所示;

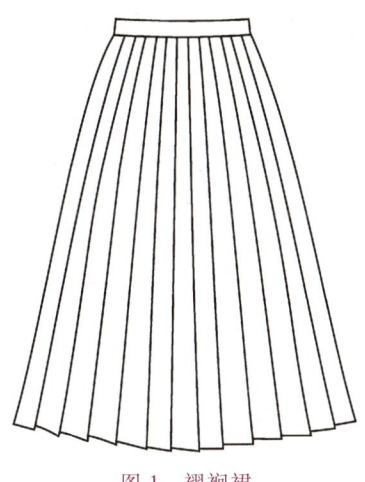

图 1　褶裥裙

② 制图规格如表 1 所示。

表 1　褶裥裙制图规格　　　　　　　　　　　　　单位:cm

号型	部位	裙长	腰围	臀围	臀长	腰宽
160/64A	规格	60	64	90	18	3

要求:① 按照 1∶5 的比例制图;

② 结构制图合理、正确;

③ 线条平滑、圆顺,保留必要的辅助线,轮廓线清晰明显;

④ 标注正确、清晰、完整;

⑤ 卷面干净、整洁。

35. 绘制男衬衫结构图。(24 分)

已知:① 款式特点:尖领长袖;前胸左贴袋一只,直腰身;前门襟六粒扣,平下摆;袖口处开宝剑头袖衩,收两个褶裥,装中圆角袖头;袖窿包缝缉明线,如图 2 所示。

② 制图规格如表 2 所示。

图 2　男衬衫

表 2　男衬衫制图规格　　　　　　　　　　　　　单位:cm

号型	部位	衣长	胸围	肩宽	袖长	领围	AH
170/88A	规格	72	110	46	58.5	39	52

要求:① 按照 1∶5 的比例制图;
　　　② 结构制图合理、正确;
　　　③ 线条平滑、圆顺,保留必要的辅助线,轮廓线清晰明显;
　　　④ 标注正确、清晰、完整;
　　　⑤ 卷面干净、整洁。

服装制作工艺(80 分)

五、判断题(每小题 2 分,共 30 分。在答题卡的括号内正确的画"√",错误的画"×")

(　)36. 与面料的透气性能相应是黏合衬的选用原则。

(　)37. 西裤腰头面、里允许拼接一处,男裤拼缝在后缝处,女裤拼缝在后缝或侧缝处。

(　)38. 毛缝口环光的针法叫环针。

(　)39. 在缝纫机针中,18 号针最细。

(　)40. 熨烫压力属于熨烫定型五要素之一。

(　)41. 男西裤正面熨烫时要盖水布,防止出现极光或污渍。

(　)42. 黏衬时,压力过大和温度过高可能导致衣片正面渗胶。

(　)43. 西裤裁配夹里时,长度至少到臀围以下 20 cm,前后片都有。

(　)44. 西服裙熨烫时要用熨斗横推,以避免裙子变形。

(　)45. 厚料女衬衫袖山头一般不用抽线,薄料的采用抽线。

(　)46. 装男衬衫过肩时,过肩里正面向上放下层,后片反面向上放中层,过肩面反面向上放上层。

( )47. 夹克衫的领面、领里采用加领座的处理,分别造型后缝合,不需要归拔工艺。
( )48. 女上衣底边一般在合缉刀背缝和摆缝之后拷边或滚边。
( )49. 女西服要拔烫驳头。
( )50. 归拔男西服前片时,熨斗要从腰节处向止口方向顺势拔出,然后顺门襟止口向底边方向伸长。

六、看图解答题(每小题10分,共20分)

51. 请在答题卡上写出图3所示制作工艺名称,并在4个括号中填上相应内容。

制作工艺名称(　　　　　　)

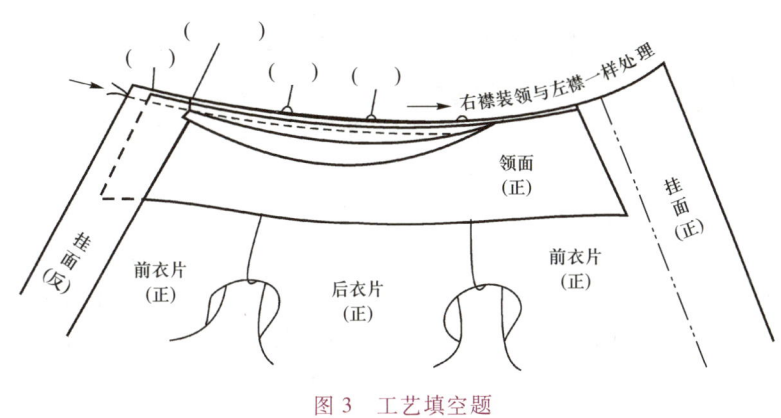

图3　工艺填空题

52. 请在答题卡上写出图4所示制作工艺名称及其具体制作工艺(只写出每步制作工艺名称即可)。

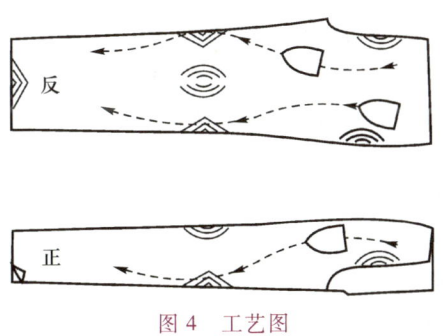

图4　工艺图

七、简答题(每小题5分,共20分)

53. 简述女西裤的质量要求。
54. 简述机缝缝型中分缉缝和包边缝的方法。
55. 简述插肩袖女大衣的工艺流程。
56. 简述男西裤双嵌线后袋的开袋制作工艺(只写出每步工艺名称即可)。

八、问答题(10分)

57. 阐述男西服开大袋的工艺方法。

2013年河南省对口升学服装类专业课模拟试卷

一、选择题(每小题2分,共40分。每小题中只有一个选项是正确的,请将正确选项涂在答题卡上)

1. 在人体测量时,对于驼背体,我们需要在一般测体的基础上,针对特殊部位补充测量_____。
   A. 前腰节长　　　B. 后腰节长　　　C. 前衣长　　　D. 后衣长

2. 人体着装图即_____。
   A. 服装效果图　　B. 服装款式图　　C. 服装结构图　　D. 服装式样图

3. 在服装制图中,表示服装各部位之间关系的制图线条为_____。
   A. 轮廓线　　　　B. 结构线　　　　C. 基础线　　　　D. 分割线

4. 在服装制图中,_____是多个裥向同一方向折倒,多用于裙子的制作。
   A. 斜线裥　　　　B. 直线裥　　　　C. 曲线裥　　　　D. 顺风裥

5. 在服装排料时,合理套排主要表现在_____、减少空隙上,目的是提高面料的利用率。
   A. 紧密套排　　　B. 缺口合并　　　C. 排列紧凑　　　D. 大小搭配

6. 在裙装制图中,当喇叭裙腰围为70 cm时,则制图时腰口半径 R 最接近_____。
   A. 21 cm　　　　B. 22 cm　　　　C. 23 cm　　　　D. 24 cm

7. 在西裤的制图中,西裤后片臀腰差的量采用_____的方法处理。
   A. 收褶裥　　　　B. 收省　　　　C. 后中劈去一些　　　D. 两侧劈去一些

8. 在服装制图中,适体型女衬衫一般胸围放松量取_____。
   A. 4～6 cm　　　B. 6～8 cm　　　C. 8～12 cm　　　D. 12～14 cm

9. 在男西服制图中,戗驳领男西服为_____。
   A. 单排扣　　　　B. 双排扣　　　　C. 多排扣　　　　D. 三排扣

10. 在文化式原型的修正时,瘦体型的肩宽、胸宽、背宽应适当_____。
    A. 加宽一些　　　B. 减小一些　　　C. 加高一些　　　D. 变窄一些

11. 夹克衫装拉链时,应先将衣身止口的缝份折转_____。
    A. 1 cm　　　　B. 1.2 cm　　　C. 1.5 cm　　　D. 2 cm

12. 中山服装领时,领头要盖没领嘴_____。
    A. 0.1 cm　　　B. 0.2 cm　　　C. 0.15 cm　　　D. 0.3 cm

13. 男西服翻烫止口时,应该注意上眼位以下大身止口坐出_____左右。
    A. 0.1 cm　　　B. 0.2 cm　　　C. 0.15 cm　　　D. 0.3 cm

14. 西服裙压缉腰头时,腰面翻正,腰里放平,正面兜缉_____止口。
    A. 0.1～0.2 cm　　B. 0.1～0.15 cm　　C. 0.15～0.2 cm　　D. 0.2～0.3 cm

15. 下列选项中,不属于熨烫定型五要素的是_____。
    A. 熨烫温度　　　B. 熨烫压力　　　C. 熨烫时间　　　D. 熨烫设备

16. 下列选项中,不符合成衣检查程序的是_____。
    A. 自上而下　　　B. 先里侧后外观　　C. 从前到后　　　D. 自左而右

17. 女衬衫压领时,先把挂面翻正,叠门翻出,领面下口扣转_____。
A. 0.4 cm   B. 0.5 cm   C. 0.6 cm   D. 0.7 cm

18. 服装手缝工艺符号 ⊂━━━◯ 的名称是_____。
A. 锁眼   B. 拱针   C. 杨树花针   D. 三角针

19. 服装熨烫工艺符号 [90℃] 表示_____。
A. 烫干   B. 烫圆   C. 拉烫   D. 干烫

20. 女上衣开袋时,嵌线反面粘衬,相向对折,正面缉_____的嵌线止口。
A. 0.5 cm   B. 0.8 cm   C. 1 cm   D. 1.2 cm

服装结构制图(80分)

二、判断题(每小题2分,共20分。在答题卡的括号内正确的画"√",错误的画"×")

( )21. 男衬衫制图时,袖山弧线和袖窿弧线长相等。
( )22. 净样是指服装裁片的实际尺寸,不包括缝份、贴边。
( )23. 肩省是省根在肩缝部位的省道,常做成橄榄省。
( )24. 春秋衫领圈放缝时,一般为0.8 cm。
( )25. 男西服制图时,袖片在后袖缝线处不设置偏袖量。
( )26. 原型是服装裁剪图的一种。
( )27. 女衬衫制图时,袖口大小按袖肥的一半确定。
( )28. 由于颈部呈圆台状及有向前倾斜的特点,所以领的造型基本上是后领脚宽,前领脚窄。
( )29. 插肩袖常用于运动服和休闲服。
( )30. 在服装结构制图时,应先画辅料图,后画面料图。

三、简答题(每小题8分,共24分)
31. 简述单排扣平驳领女西服的制图要点。
32. 服装结构制图中,上肢与衣袖的关系是什么?
33. 简述男女西裤在结构制图上的差别。

四、制图题(2小题,共36分)
34. 绘制男西服背心结构图。(24分)
已知:① 款式特点:前门襟为单排五粒扣,四只开袋;后背腰节处装长短腰带,摆缝处开小衩,如图1所示。
② 制图规格如表1所示。

图1 男西服背心

表1 男西服背心制图规格　　　　　　　　　单位:cm

号型	部位	衣长	胸围	肩宽	腰节
170/88A	规格	58	96	37	42

要求:① 按照 1∶5 的比例制图;
② 结构制图合理、正确;
③ 线条平滑、圆顺,保留必要的辅助线,轮廓线清晰明显;
④ 标注正确、清晰、完整;
⑤ 卷面干净、整洁。

35. 绘制男西裤前片结构图。(12 分)

已知:① 款式特点:锥形裤,前裤片左右两只反褶裥,侧缝装斜袋,如图 2 所示。

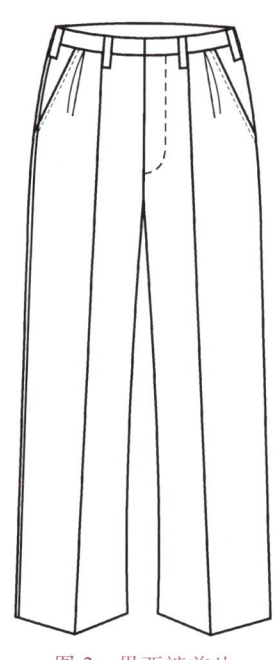

图 2　男西裤前片

② 制图规格如表 2 所示。

表 2　男西裤制图规格　　　　　　　　　　　　　单位:cm

号型	部位	裤长	腰围	臀围	脚口	上裆
170/74A	规格	100	76	100	21	25

要求:① 按照 1∶5 的比例制图;
② 结构制图合理、正确;
③ 线条平滑、圆顺,保留必要的辅助线,轮廓线清晰明显;
④ 标注正确、清晰、完整;
⑤ 卷面干净、整洁。

服装制作工艺(80分)

五、判断题(每小题2分,共30分。在答题卡的括号内正确的画"√",错误的画"×")

(　)36. 服装中串口表示领面与挂面缝合处。
(　)37. 在缝纫机针中,9号针最粗。
(　)38. 女上衣敷牵带时,牵带用斜丝黏合衬。
(　)39. 西服裙制作时,裙腰需要拷边。
(　)40. 在服装工艺中,推、归、拔是对织物热塑变形的熨烫工艺。
(　)41. 分缉缝用于衣片拼接部位的装饰和加固。
(　)42. 熨烫时,推就是把衣片某一部位按预定要求缩短。
(　)43. 整烫女西裤时,烫分开缝要在裤子反面喷水。
(　)44. 男西服开大袋封袋口时,要将袋角两端翻进,与嵌线一起封牢。
(　)45. 成衣质检的重点放在成品的反面外观上。
(　)46. 在西服裙装腰头时,需要核对裙片腰口尺寸是否符合规格要求。
(　)47. 女西服前衣片不需归拔工艺。
(　)48. 女衬衫装袖克夫时,不需要校准袖口大小与袖克夫长短。
(　)49. 女上衣合前身刀背缝时,刀背缝要烫分开缝。
(　)50. 男大衣做袖工艺方法与西服做袖工艺方法基本相同。

六、看图解答题(每小题10分,共20分)

51. 请在答题卡上写出图3所示制作工艺名称,并在4个括号中填上相应内容。

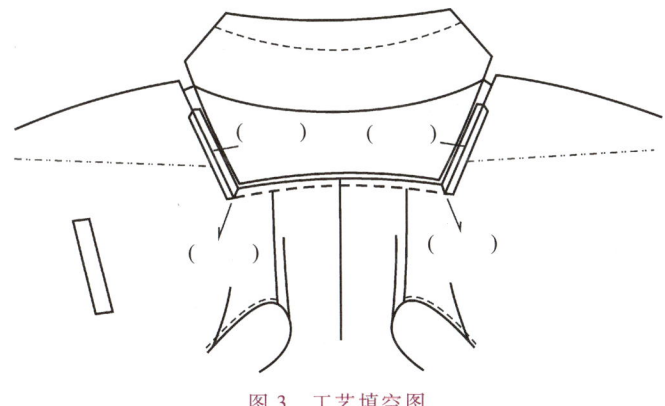

图3　工艺填空图

52. 请在答题卡写出图4所示制作工艺名称及其具体制作工艺。

七、简答题(4小题,共20分)

53. 简述女上衣敷牵带工艺。(4分)
54. 简述机缝缝型中压缉缝和贴边缝的方法。(4分)
55. 简述女西服裙装拉链的工艺(只写出每步工艺名称即可)。(4分)
56. 在男衬衫的制作工艺中,如何做翻领?(8分)

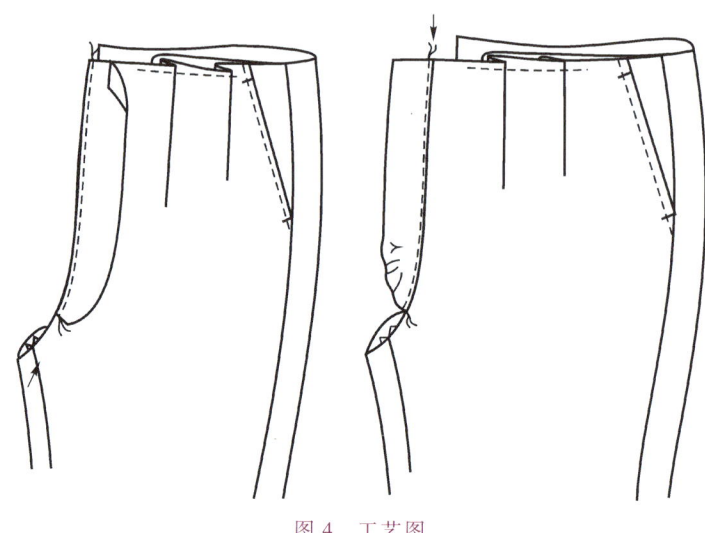

图 4　工艺图

八、问答题(10 分)

57. 在女西服的制作工艺中,如何装领?

2011年杭州市高职模拟考试服装类试卷

学校_____ 姓名_____ 考号_____

题次	一	二	三	四	五	六	七	八	总分
得分									
阅卷人									
复核人									

一、单项选择题(本大题共15小题,每小题2分,共30分)

从每小题列出的四个备选答案中,只有一个是符合题目要求的,请将其代码填写在括号内。错选、多选或未选均无分。

1. 女春秋衫搭门取 2.5cm,则门襟与里襟相叠的量为( )。
   A. 5cm　　　　　　B. 2.5cm　　　　　　C. 1.25cm　　　　　　D. 3cm

2. 臂长是指肩端点至( )点所得的直线距离。
   A. 肘点　　　　　　B. 臀侧点　　　　　　C. 尺骨茎突点　　　　D. 腰侧点

3. 上衣中的袖山高、袖窿深、袖肥大的关系是( )。
   A. 袖山减低,袖肥减小,袖窿开深
   B. 袖山减低,袖肥增大,袖窿开深
   C. 袖山减低,袖肥增大,袖窿变浅
   D. 袖山减低,袖肥减小,袖窿变浅

4. 为了适合人体曲线形态,合体上衣一般要收腰省,其形态通常是( )。
   A. 弧形省　　　　　B. 锥子省　　　　　　C. 钉子省　　　　　　D. 橄榄省

5. 5·4系列女衬衫,以胸围线和胸宽线为公共线进行推档放码,已知向前中心线推每档的档差为0.6厘米,摆缝线每档档差为( )。
   A. 1cm　　　　　　B. 0.5cm　　　　　　C. 0.4cm　　　　　　D. 0.6cm

6. 我国服装号型标准确定的上下装的人体基本部位是( )
   A. 身高、背长、胸围　　　　　　　　B. 身高、胸围、腰围
   C. 胸围、腰围、臀围　　　　　　　　D. 颈椎点高、胸围、臀围

7. 服装与人体的外形有着直接的关系,如人体颈部的( )特征,体现在服装领子上就是后领脚宽于前领脚。
   A. 颈部上细下粗　　　　　　　　　　B. 颈部下端截面呈桃形
   C. 颈部喉结明显　　　　　　　　　　D. 颈部向前呈倾斜状

8. 男西服前衣片制图的正确顺序是( )。
   A. 框架线、轮廓线、大袋位、腰省、手巾袋、肋省、扣眼位
   B. 框架线、轮廓线、扣眼位、手巾袋、腰省、大袋位、肋省

C. 框架线、轮廓线、手巾袋、腰省、扣眼位、大袋位、肋省

D. 框架线、轮廓线、手巾袋、腰省、大袋位、扣眼位、肋省

9. 影响织物起毛起球最主要的因素是纤维本身的性质,相比较而言,下列纤维起毛起球问题最严重的是( )。

A. 棉　　　　　　B. 涤纶　　　　　　C. 丝绸　　　　　　D. 黏胶

10. 下列不属于针织面料的是( )。

A. 汗布　　　　　　B. 罗纹布　　　　　　C. 沙卡　　　　　　D. 网眼布

11. 下图属于面料的( )组织。

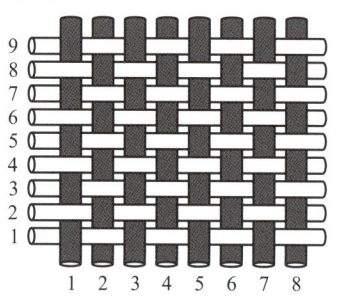

A. 斜纹　　　　　　B. 缎纹　　　　　　C. 平纹　　　　　　D. 三原

12. 适合长形脸的领型有( )。

A. V字形领　　　　B. U字领　　　　　C. 一字领　　　　　D. 均可

13. 倒三角体型不宜配( )。

A. 泡泡袖　　　　　B. 篷裙　　　　　　C. 臀部立体袋　　　　D. 百褶裙

14. 中国传统服装旗袍,从设计的角度看它的外形属于( )。

A. V形　　　　　　B. S形　　　　　　C. A形　　　　　　D. H形

15. 色调具有季节性,一般来说,设计冬装宜用( )色调。

A. 淡雅　　　　　　B. 鲜艳　　　　　　C. 柔和　　　　　　D. 娇嫩

二、多项选择题(本大题共10小题,每小题2分,共20分)

在每小题列出的五个备选项中有两个至五个是符合题目要求的,请将其代码填写在括号内。错选、多选、少选或未选均无分。

1. 服装用料的多少主要取决于下列( )等因素。

A. 面料性能　B. 服装风格　C. 服装规格　D. 服装款式　E. 面料门幅

2. 男子穿着竖条纹面料的普通款式衬衫时,呈横条纹的部位有( )。

A. 左右前身　B. 胸袋　　C. 过肩　　D. 翻领面　　E. 袖头

3. 合理套排主要表现在排列紧凑,减少空隙,提高面料的利用率,其规律主要有( )

A. 丝缕一致　B. 大小搭配　C. 缺口合并　D. 紧密套排　E. 对条对格

4. 对于低腰牛仔裤制图下列说法正确的是( )。

A. 侧缝设计成直插袋较合适

B. 前裤片由于两侧劈势较多腰口应作弧线

C. 由于臀围较小,腰围也适当减小

D. 裤长可适当减短

E. 上裆可适当加长

5. 以下纤维燃烧时有烧纸气味的有(　　　)。

A. 棉　　　　B. 羊毛　　　　C. 蚕丝　　　　D. 粘胶　　　　E. 亚麻

6. 下列毛织物中属于精纺呢绒的是(　　　)

A. 华达呢　　B. 海军呢　　　C. 法兰绒　　　D. 啥味呢　　　E. 马裤呢

7. 在购买毛皮服装时,可通过(　　　)等方法鉴定毛皮品种的好坏。

A. 看　　　　B. 抓　　　　C. 拉　　　　　D. 摸　　　　　E. 吹

8. 国字脸形一般可以配的领子有(　　　)。

A. 大圆领　　B. V字领　　　C. 西服领　　　D. 方形领　　　E. 高领

9. 高明度色彩具有(　　　)感情。

A. 活泼　　　B. 沉静　　　　C. 轻快　　　　D. 明朗　　　　E. 稳重

10. 窄肩体型不适合穿着(　　　)。

A. 吊带式服装　　B. 肩部多装饰的款式　　　C. 插肩袖款式

D. 用垫肩　　　　E. 用浅色的面料

三、判断题(本大题共30小题,每小题1分,共30分)

在下列叙述中,你认为正确的在括号内画"√",错误的画"×"。

(　　)1. 把两层衣片正面相叠,沿所留缝头缝合称分缝。

(　　)2. 男衬衫翻门襟一般宽度为3 cm左右。

(　　)3. 领圈大于领子时,可在领圈直丝处稍稍归拢。

(　　)4. 在装西服领时,不管厚薄料,串口处领面与挂面一定要分缝。

(　　)5. 裤子只要保证腰部尺寸稳定,其他部位均可大胆变化。

(　　)6. 省尖出现酒窝现象,完全是因为没有熨烫好。

(　　)7. 女装滚纽眼布,应采用正斜面料眼布。

(　　)8. 选择机针时,一般缝料越厚越硬,机针越细,这样容易穿透缝料。

(　　)9. 装袖时如发现袖子吃势出现偏多或偏少现象,应在袖底处进行调整。

(　　)10. 按穿着层次的因素,衣服厚度越大,围度加大,但长度可以不变。

(　　)11. 上衣贴袋的袋口线一般与腰节线平行。

(　　)12. 公制是国际通用的计量单位,但我国的外贸服装成品规格常使用英制。

(　　)13. 两片式半圆裙的前中心线位置应为直丝绺。

(　　)14. 男西服装袖为平缝组合。

(　　)15. 男西服的领座一般比男衬衫高1 cm左右。

(　　)16. 灯芯绒服装不可高温熨烫绒面。

(　　)17. 牛仔裤为防止褪色过大过快,最好反面洗涤。

(　　)18. 锦纶织物的耐磨性能很好,仅次于棉织物

(　　)19. 华达呢是粗纺毛织物中历史较长的品种,通常作为呢绒的代名词。

(　　)20. 最轻薄状似透明的蝉翼的面料,属于丝织品的绸类。

(　　)21. 人造棉浸湿后强度增强。

(　　)22. 府绸属于丝织物。
(　　)23. 麻纱是由麻纤维织成的。
(　　)24. 一般棉织物耐碱不耐酸。
(　　)25. 瓜子脸形可适合各种领子造型。
(　　)26. 节奏是服饰配色的原则之一,一条半截裙,在染色上由暗色逐渐转变成亮色称为单一重复。
(　　)27. 服装系列设计中的主从式设计可以创造服装不同的个性特征和构成形式.
(　　)28. 连衣袖没有袖窿线,但袖子中间经常有接缝
(　　)29. 格式塔心理学认为:知觉到的东西要小于眼睛见到的东西。
(　　)30. 服装配色中选取一种与服装色彩并不相同的色彩进行搭配即衬托法。

四、填空题(本大题共 21 小题,每格 1.5 分,共 90 分,在每小题的空格中填上正确答案)

1. 上肢的形状决定了衣袖的基本结构,反映在衣袖上是后袖缝线＿＿＿＿,前袖缝线＿＿＿＿。

2. 写出下列服装制图代号的部位名称 SNP ＿＿＿＿, NL ＿＿＿＿, SB ＿＿＿＿, FL ＿＿＿＿。

3. 男女体型存在差异,同样身高的情况下,男子的肩宽比女子的＿＿＿＿,5·4 系列中女子肩宽的档差值为＿＿＿＿cm,男子肩宽的档差值为＿＿＿＿cm.

4. 男西服翻领面的经纱往往平行于衣片的后中心线为＿＿＿＿丝绺,男西服的大袋盖要与前衣片对条对格为＿＿＿＿丝绺。

5. 通过人体测量胸宽占人体紧胸围的＿＿＿＿%,腋窝宽占人体紧胸围的＿＿＿＿%,腋窝围占人体紧胸围的＿＿＿＿%。

6. 人体是服装结构的基本依据,如男西服前衣片结构设计常用肚省,其量的大小应根据体型决定,胸腰差较大时,省量要＿＿＿＿,此时在腰节处的省量及侧缝劈量要＿＿＿＿。

7. 肩斜的确定有两种方法:一是＿＿＿＿控制肩斜,二是＿＿＿＿控制肩斜。

8. 根据男女衬衫的基本款式,在＿＿＿＿、＿＿＿＿、＿＿＿＿及＿＿＿＿等方面加上变化,使之成为新的款式。

9. 基准点是用于测量人体取得服装尺寸的起点和止点。如＿＿＿＿测量裤长的止点,而＿＿＿＿为测量背长的起点。

10. 肩部是＿＿＿＿的分界线,由于肩端前倾,使服装的＿＿＿＿大于＿＿＿＿。

11. 我国国家服装号型中规定,下装一般为＿＿＿＿系列,此时男子 A 体型的裤长档差是＿＿＿＿cm,腰围档差是＿＿＿＿cm,臀围档差是＿＿＿＿cm,前裤片腰围档差是＿＿＿＿cm。

12. 牛仔裤后腰部位横向＿＿＿＿,拼接裁片用＿＿＿＿料。

13. 天然纤维主要有＿＿＿＿纤维和＿＿＿＿纤维两大类。

14. 用 50T 表示的线密度为＿＿＿＿制,其数值越＿＿＿＿,表示纱线越细。

15. 机织物的主要物理指标有＿＿＿＿、重量、密度、厚度和＿＿＿＿五个。

16. 耳朵等于一个＿＿＿＿,位于中庭,眼睛位于中庭的＿＿＿＿,嘴位于＿＿＿＿。

17. 形主要是指形状,多具有＿＿＿＿的含义,型主要是指＿＿＿＿、＿＿＿＿,多具有

_____的内涵。

18. 省缝是指把衣片部分_____缝合而在衣片表面留下的衣缝,省缝缝合的过程通常称为_____。褶裥的缝制过程通常称为_____。

19. 16世纪德国绘画大师_____认为:透视就是指在一定的地方,沿着一定的_____,看到一定范围内的物象的图形_____、_____和_____是"透视三要素"。

20. 销售环境的选择要根据_____、_____而定。

21. 服装分类的作用:一是_____,二是_____。

五、简答题(本大题共2小题,每小题5分,共10分)

1. 什么是乡村风格?
2. 服装配色的一般过程。

六、绘画题(本大题共2小题,每小题10分共20分)

1. 请做出立方体在视平线左右的成角透视图,并说明成角透视规律。(10分)
2. 请根据以下图片中服装款式,绘制出服装平面款式图。要求先用铅笔打轮廓,后用黑色水笔完整构线。(10分)

七、服装设计(本大题共40分)

根据所给图片中的设计元素和给出的主题,设计一款连衣裙,并与图片中的服装形成系列。

主题:经典与时尚。

定位:年龄在18~23岁的春夏时尚女装。

要求:1. 在所给人体基础上先用铅笔打轮廓,然后用黑色水笔完整勾线。
2. 设计的服装要和图片中的服装成系列,并画出服装的背面款式图。
3. 简单写出设计说明和材料的选择应用。
4. 画面整洁,线条流畅,整体造型层次分明。

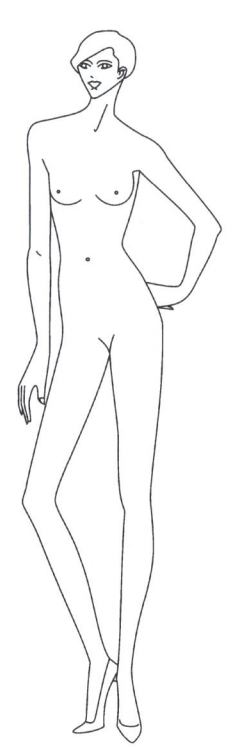

八、服装结构制图(共60分,其中前衣片40分,领子20分)

请按以下款式图示及成衣规格制作女衬衫前后衣片的结构图。单位:厘米,比例1∶5。细部规格尺寸根据款式图自行设计,标注用公式或数字。

要求:结构合理,造型美观,规格比例正确,线条符号规范,标注清晰完整。

号型	后中长	胸围	腰围	臀围	肩宽	背长
160/84A	60	94	78	98	38	38

正面　　　　反面

参考答案

一、单项选择题

1. A   2. C   3. B   4. D   5. C
6. B   7. D   8. B   9. B   10. C
11. C   12. C   13. A   14. B   15. B

二、多项选择题

1. CDE   2. CDE   3. BCD   4. BD   5. ADE
6. AD   7. ABCE   8. ABC   9. ACD   10. AC

三、判断题

1. ×   2. √   3. ×   4. ×   5. √
6. ×   7. √   8. ×   9. √   10. ×
11. ×   12. √   13. ×   14. ×   15. ×
16. √   17. √   18. ×   19. ×   20. ×
21. ×   22. ×   23. ×   24. √   25. √
26. ×   27. ×   28. √   29. ×   30. ×

四、填空题

1. 外突、内凹

2. 颈肩点、领围线、脚口、前衣长

3. 宽、1、1.2

4. 横、横

5. 18、14、44.3

6. 减小、加大

7. 公式计算、角度

8. 放松度、衣身、衣领、衣袖

9. 外踝骨、颈椎点

10. 前后衣片、前肩斜度、后肩斜度

11. 5·2、3、2、1.6

12. 分割收省、直

13. 植物、动物

14. 定长、小

15. 幅宽、匹长

16. 庭长、1/3、下庭的1/3

17. 平面、模型、体态、立体

18. 余缝、收省、打褶

19. 丢勒、方向、物象、画面、视点

20. 服装产品定位,服装档次

21. 可为自己设计的服装产品进行准确的命名、可以通过服装的具体分类有针对性地设计构思

五、简答题

1. 什么是乡村风格?

答:也称田园风格,是指面料多用棉麻等天然纤维,色彩多以白褐色、黄绿色等自然色为主,造型松散自然,给人朴素温和或休闲感的服装。

2. 简述服装配色的一般过程。

答:先选主色,再选搭配色,最后根据主色和搭配色的关系以及配色效果再决定点缀色。

六、绘画题(略)

七、服装设计(略)

八、结构制图

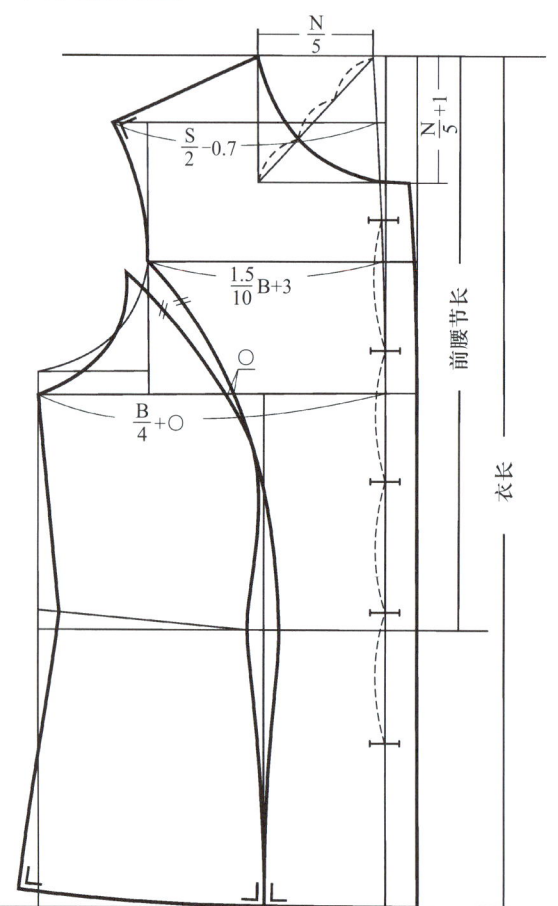

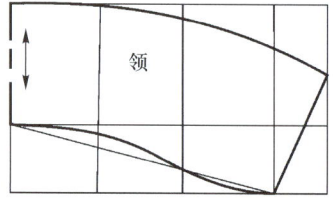

2012年浙江省高等职业技术教育招生模拟考试

服装类试卷

考生须知：1. 本试题卷共八大题，满分 **300** 分，考试时间 **150** 分钟。
2. 所有试题均需在答题纸上作答，未在规定区域内答题，每错一个区域扣卷面总分 **1** 分，在试卷或草稿上作答无效。
3. 答卷前，考生务必将自己的姓名、准考证号用黑色字迹的签字笔或钢笔填写在答题纸和试卷上。

一、单项选择题（本大题共 15 小题，每小题 2 分，共 30 分）

从每小题列出的四个备选答案中，只有一个是符合题目要求的，请将其代码填写在括号内。错选、多选或未选均无分。

1. 某女生身高 163 厘米，胸围 82 厘米，腰围 61 厘米，她所购买上衣的号型为（　　）。
   A. 163/82A   B. 165/82Y   C. 160/84A   D. 165/84Y

2. 测量裤长是以腰侧点向上（　　）为起点，沿臀围曲线至臀侧点，再竖直向下量至离地面适当的距离。
   A. 5 cm   B. 2 cm   C. 4 cm   D. 3 cm

3. 国家标准的标龄一般为（　　）。
   A. 三年   B. 四年   C. 五年   D. 十年

4. 服装分割线应尽量考虑通过或接近该部位曲率（　　）的凸点，以充分发挥省道的作用。
   A. 最大   B. 最小   C. 一般   D. 均可

5. 在立领结构设计时，为了防止领子后仰，一般把后领口（　　）。
   A. 开深 0.3 cm 左右   B. 提高 0.3 cm 左右
   C. 不变   D. 领口宽开大 0.3 cm 左右

6. 袖子基本样板的袖宽线一般定在人体腋窝下（　　）cm。
   A. 1   B. 1.5   C. 2   D. 2.5

7. 服装与人体的外形有着直接的关系。如人体颈部的（　　）特征，体现在服装上就是上衣前后领口的弧线弯曲度一般为后平前弯。
   A. 颈部上细下粗   B. 颈部下端截面呈桃形
   C. 颈部喉结明显   D. 颈部向前呈倾斜状

8. 西服手巾袋一般用（　　）。
   A. 直料   B. 横料   C. 斜料   D. 不一定

9. 以下宜采用顺毛的面料有（　　）。
   A. 灯芯绒   B. 立绒   C. 平绒   D. 乔其绒

10. 黏合衬黏合的三要素是（　　）。

A. 温度、压力、时间　　　　　　　　　　　B. 温度、压力、湿度
C. 温度、湿度、时间　　　　　　　　　　　D. 湿度、压力、时间

11. 色相是色彩的( )之一。
   A. 三要素　　　　B. 三原色　　　　C. 三暖色　　　　D. 三补色

12. 结构素描强调突出物体的( )。
   A. 明暗特征　　　B. 局部特征　　　C. 结构特征　　　D. 光线特征

13. 玛丽昆特设计的超短裙在( )年代风靡一时,造成了那个年代( )的风潮。
   A. 70 女装男性化　B. 60 短装化　　C. 50 帐篷形　　D. 90 花瓶形

14. 腰节线的高低,对服装外轮廓起着重要作用,能使女性体型显得修长柔美的是( )。
   A. 腰节线高于人体腰节　　　　　　　　B. 腰节线低于人体腰节
   C. 腰节线相应于人体腰节　　　　　　　D. 无腰节线

15. 我们画眼睛时,一般先画出近似于平行四边形的基本形,内眼角( )眼尾,由里向外概括精炼的画出眼睛的神采。
   A. 略小于　　　　B. 略高于　　　　C. 略等于　　　　D. 略低于

二、多项选择题(本大题共10小题,每小题2分,共20分)

在每小题列出的五个备选项中有两个至五个是符合题目要求的,请将其代码填写在括号内。错选、多选、少选或未选均无分。

1. 影响西裤后片后翘量大小的因素有( )。
   A. 臀凸的大小　　B. 后档缝的斜度　　C. 腰围的前后差
   D. 臀围的前后差　E. 臀腰差的大小

2. 男子穿着竖条纹面料的普通款式衬衫时,呈横条纹的部位有( )。
   A. 过肩　　　B. 胸袋　　　C. 左右前身　　　D. 翻领面　　　E. 袖头

3. 女装省道的形式有( )。
   A. 直线形　　B. 曲线形　　C. 折线形　　D. 碎褶式　　E. 饰褶式

4. 影响袖子袖山高的因素有( )。
   A. 腋窝的水平位置　　B. 袖口的大小　　C. 缩袖位置
   D. 缩袖角度　　　　　E. 服装面料

5. 以下属于工艺样板的是( )。
   A. 面料样板　B. 精割样板　C. 定量样板　D. 衬料样板　E. 定位样板

6. 在以下领袖中,具有东方古典美的是( )。
   A. 领线领　　B. 连衣领　　C. 圆袖　　D. 立领　　E. 连衣袖

7. 以下( )是服装纹样的表现手法。
   A. 刺绣　　　B. 扎染　　　C. 蜡染　　　D. 水洗　　　E. 石磨

8. ( )是色彩色相配色中的方法。
   A. 同种色　　B. 低明度色　C. 黑色　　　D. 邻近色　　E. 灰色

9. 服装中的比例美可以通过以下( )的方法表现。
   A. 配饰配件与服装之间的比例关系
   B. 不同的色彩分配之间的比例关系

C. 服装造型与人体之间的比例关系

D. 服装局部和服装整体之间的比例关系

E. 不同的面料以及面料造型之间的比例关系

10. 佳佳是一个身高 166 cm,体重 102 斤的女孩子,她为自己肩膀比较宽而发愁,觉得穿什么都显得很壮,你为她参谋一下,以下(　　　　)的袖型比较适合她?

A.

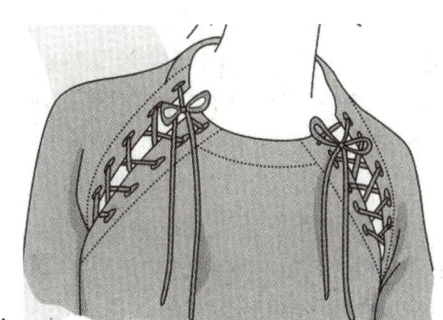
B.

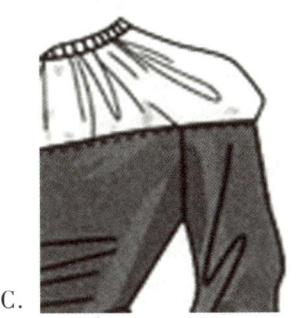
C.

D.

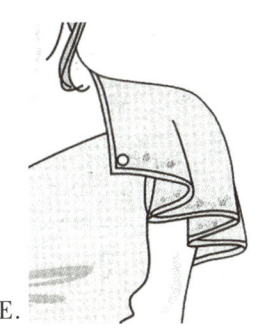
E.

三、判断题(本大题共 30 小题,每小题 1 分,共 45 分)

在下列叙述中,你认为正确的在括号内画"√",错误的画"×"。

(　　)1. 小肩长是指第七节颈椎点到肩端点的直线距离。

(　　)2. 上装的后肩斜一般大于前肩斜,其差数是由体型决定的。

(　　)3. 撇门是胸省的一部分转移到前中心线。

(　　)4. 在装西服领时,不管厚薄料,串口处领面与挂面一定要分缝。

(　　)5. 人体侧腰的双曲面,决定了曲腰身服装的腰节在摆缝处必须归拢。

( )6. 裤长的决定因素是款式。
( )7. 根据经验,西裤的直裆可在测量数据的基础上加放 2 cm 左右的松量。
( )8. 根据 GB/T2666-2001 规定,裤子成品规格确定为裤长和腰围两个控制部位。
( )9. 裤子的门襟封口必须低于臀围线,否则会影响裤子的穿脱。
( )10. 反裥是指从裤子正面看倒向侧缝的折裥,一般用于肥胖体或凸肚体。
( )11. 上装腰围的成品规格一般按净腰围规格加放一定的放松量。
( )12. 有研究表明,人体正常呼吸时胸围大小的变化量为 4 cm 左右。
( )13. 上装紧身设计时,我们才应用全省。
( )14. 一般情况下,袖子上部复曲面构成的面积较大时,袖山吃势要大些。
( )15. 无袖类服装,前后衣片的袖窿低点要适当地降低,以满足手臂的活动。
( )16. 天然纤维中羊毛的断裂伸长率最小。
( )17. 一般来说,正常织物的染色牢度要求达到 3 至 4 级。
( )18. 化学纤维中黏胶的弹性最差。
( )19. 纱疵是指在织造时产生的疵点。
( )20. 男西裤上档装贴门襟处一般不锁边。
( )21. 上衣省道缝制时在省尖处要回针牢固,以免散出。
( )22. 结构素描是以明暗为主要表现手段的造型方式。
( )23. 服装外轮廓中,O 型的特点是胸围、腰围、臀围、下摆的围度基本相同。
( )24. 服装色彩分为两大类,其中黑白灰属于有彩色系。
( )25. 画五官时,耳朵的上沿齐眉毛,耳朵的下沿齐鼻底。
( )26. 蓬蓬袖的造型就是上端蓬起来,下端或袖口收紧,形成夸张的膨胀效果。
( )27. 脖子短粗的人,穿立领服装很好看。
( )28. 光泽色是在有彩色和无彩色以外的第三类色彩。
( )29. 在服装中,相同或类似的面料元素再次出现,我们称之为面料的节奏表现。
( )30. 自由纹样的外轮廓受到限制,适合于一定的形状。

四、填空题(本大题共 28 小题,每格 1 分,共 55 分)
1. 人体手掌的体积,决定男、女各式服装_____的宽窄。
2. 写出下列服装制图代号的部位名称 SP _____,BC _____,W _____,EL _____。
3. 西服领面前端与驳头连接处的外露部分的线段叫_____。
4. _____、_____和_____是决定人体体型静态的基本因素。
5. 一般来说,女性平均肩斜度为_____,其中前衣片肩斜取_____,后衣片肩斜取_____。
6. 女性人体上有两个最高点,一个是前面的_____,另一个是后面的_____。
7. 西服领一般不测量领大规格,在前领口处已包含_____。
8. 配制女西服领时,其翻领松度一般按_____计算。
9. 基准点是用于测量人体取得服装尺寸的起点和止点。如_____测量全臂长的止点,而_____为测量后背长的起点。
10. 女西服简做工艺的衬料样板一般比毛样板偏进_____cm,主要为防止黏合衬弄脏粘

合机和面料

11. 在衣身裁片剪接处留出袋口的隐蔽性口袋叫_____袋。

12. 一般男衬衫尺码标准以_____为参数,即衬衫的_____。

13. 前衣长的测量是由_____通过_____,向下量至衣服所需的长度。

14. 平面结构设计的方法有多种,最常用的有_____法和_____法。

15. 裤子的下裆长等于_____长减去_____至地面的高度。

16. 成品西裤裤长的极限允差是_____cm。

17. 纤维制品是服装材料中用量最大的,它是以纤维作为最基本的原料,可分为纺织制品、_____制品和_____制品三种。

18. 用燃烧法鉴别织物原料的具体方法为:从织物样品中取出少量经纬纱分别进行燃烧,观察纱线_____、_____和_____时产生的各种现象。

19. 上衣装领做的对位记号,一般称为_____。

20. 在缝制男西裤时,一般的配料有 23 cm 长_____一条、成品_____一条、门襟_____一副、后袋扣子两粒等。

21. 我们把服装设计的概念确定为"运用一定的思维形式、美学规律和设计程序,对服装的设计构思以_____表现出来,并_____,通过_____,使其进一步实物化的过程。"

22. 在服装设计中,因肩部受局限较多,_____、_____都要依附于_____,难有太大改变。

23. 仔细观察人物着装图,至少找出三个画的不正确的地方,并用数字①②③和文字标注出来,然后在下面的空格里写明原因。

① _____
② _____
③ _____

第 23 题

24. 服装材料包括_____和_____两大部分,它们的配伍性、新颖性、合理性是服装品质的关键所在。

25. 结构素描的教学理念是_____年德国_____学校开创的。

26. 在色彩三要素中,_____对颜色的华丽感和质朴感影响最大。

27. 连续纹样的特点是单位纹样可以不断重复,可以构成长度和面积的_____。

28. 2012 年春夏流行色是_____、_____。(说出其中两色即可。)

五、简答题(本大题共 2 小题,每小题 5 分,共 10 分)

1. 请说出裤子臀腰差处理的部位。
2. 服装企业中的设计流程是由理念转化成成品的过程,这个过程是如何进行的?

六、绘图题(共两题,26 分)

请仔细观察右图的服装款式,完成以下两题:

1. 根据所给款式的设计元素,为该款设计一条短裙(10 分)。

2. 根据给定的款式图,再模仿设计一款完整的同类款,用黑白平面款式图的形式表达正面和背面(16分)。

七、服装设计题(34分)

仔细分析右图的服装图片,根据设计元素进行一款拓展设计,设计对象为18~25岁的时尚女青年,要求:

① 与原图成系列;
② 在对应的人体上完成彩色正面效果图(彩铅),完成后用黑色水笔勾线;
③ 画出背面款式图;
④ 用文字简单说明设计构思、服装特点以及材料运用。

八、服装结构制图(本大题共2小题,共65分。第一题20分,第二题45分)

请在对应位置制图,先用铅笔打轮廓,后用水笔完整勾线。

1. 请按以下框架和规格制出女外套大袖片的结构图。单位厘米;比例1∶5。规格如下:袖长56 cm,袖口13.5 cm,袖山弧线45 cm。

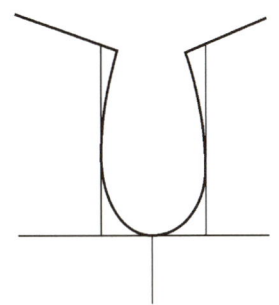

2. 女外套款式如图。请按款式图和成品规格制出其前衣片。单位厘米;比例1∶5。

规格如下:号型160/84A、前衣长56、胸围94、腰围78、肩宽39、前腰节长39

款式说明:前中拉链,外贴宽门襟装饰;前片弧线分割,肩部塔克;细部规格尺寸根据款式图自行设计。要求:结构合理、造型美观、规格比例正确、线条符合规范、标注清晰完整。

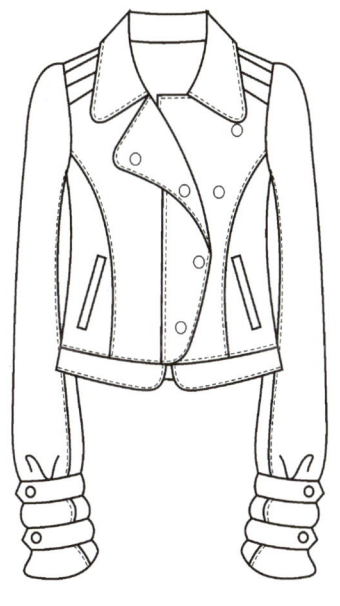

参 考 答 案

一、单项选择题

1. D   2. B   3. C   4. A   5. B
6. C   7. B   8. B   9. D   10. A

11. A　　　12. C　　　13. B　　　14. A　　　15. D

二、多项选择题

1. ABE　　2. ADE　　3. ABCDE　　4. ACDE　　5. BCE
6. BDE　　7. ABCDE　　8. AC　　9. ABCDE　　10. CD

三、判断题

1. ×　　2. ×　　3. √　　4. √　　5. ×
6. √　　7. ×　　8. √　　9. √　　10. ×
11. ×　　12. √　　13. √　　14. √　　15. ×
16. ×　　17. √　　18. √　　19. ×　　20. √
21. ×　　22. ×　　23. ×　　24. ×　　25. √
26. √　　27. ×　　28. √　　29. ×　　30. ×

四、填空题

1. 袋口

2. 肩端点　　袖肥、腰围、肘线（或肘长）

3. 串口线

4. 骨骼、肌肉、关节（顺序无关）

5. 20°、21°、19°

6. 胸高点（或 BP 点）、肩胛骨处

7. 劈胸量

8. 领外口弧线长－后领口弧线长＋0.3 cm

9. 尺骨茎突点、第七颈椎点

10. 0.2

11. 插

12. 领围、码数

13. 右颈肩点、胸部最高点

14. 比例、原型

15. 腿内侧、裤脚口

16. 正负 1.5

17. 集合、复合（顺序无关）

18. 靠近火焰、接触火焰、离开火焰

19. 三刀眼

20. 拉链、腰里、四件扣

21. 绘画的手段、选择适当的材料、相应的裁剪方法和缝制工艺

22. 祖和耸　　平和圆　　人的肩膀形态略作变化

23. 见下图，回答出任意三项即可

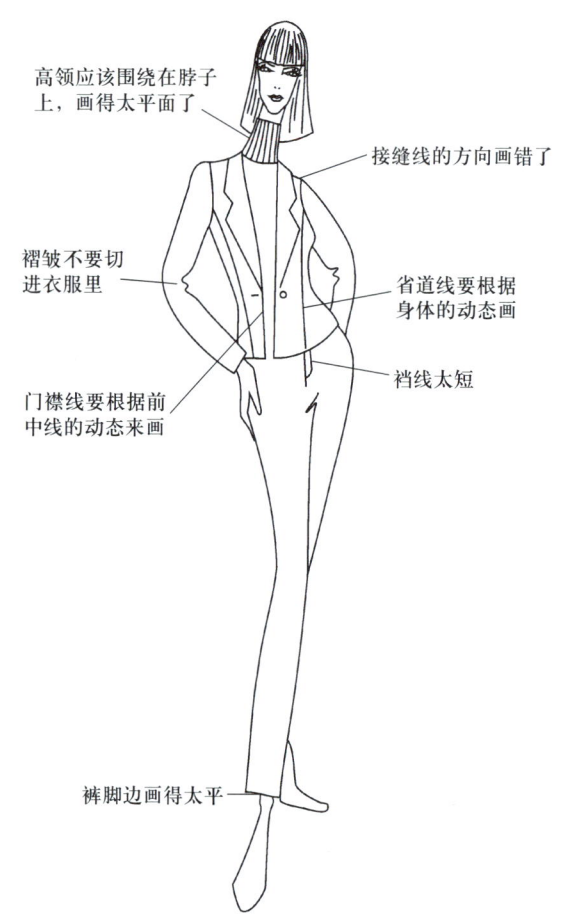

24. 面料　　辅料

25. 1919　　包豪斯

26. 纯度

27. 无限延伸

28. 极地黄　　宝石蓝　　苹果绿　　艳粉　　橙色　　裸色（说出其中两色即可。）

五、简答题

1. 请说出裤子臀腰差处理的部位。

答：裤子臀腰差可以通过以下八个部位进行处理：前中劈势、前中褶裥、前侧褶裥、前侧缝劈势、后侧缝劈势、后侧省道、后中省道、后中困势。

2. 服装企业中的设计流程是由理念转化成成品的过程，这个过程是如何进行的？

答：市场调查—收集信息与资料—确定灵感来源—规划季度新品与产品设计风格—确定设计方案—绘制设计草图—初审—产品设计阶段—试制样衣—样衣审查—修正图稿—绘制产品正稿。

六、绘画题（略）

七、服装设计（略）

八、结构制图

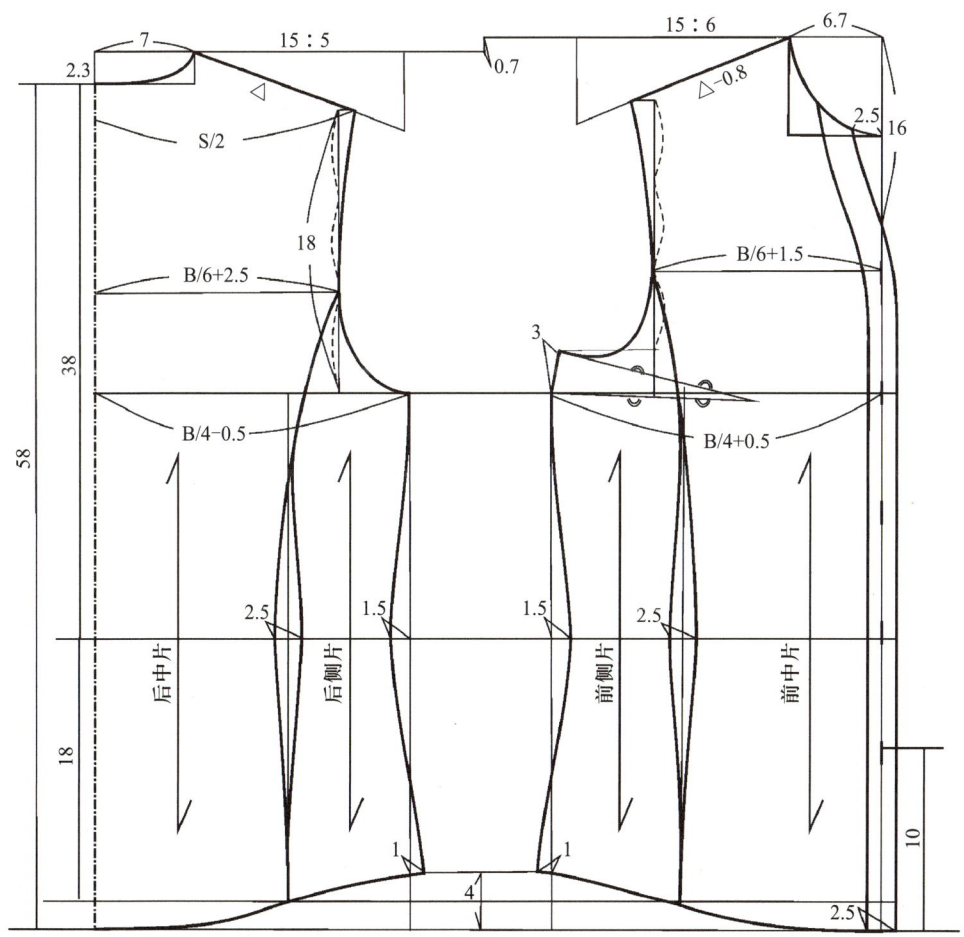

郑重声明

高等教育出版社依法对本书享有专有出版权。任何未经许可的复制、销售行为均违反《中华人民共和国著作权法》，其行为人将承担相应的民事责任和行政责任；构成犯罪的，将被依法追究刑事责任。为了维护市场秩序，保护读者的合法权益，避免读者误用盗版书造成不良后果，我社将配合行政执法部门和司法机关对违法犯罪的单位和个人进行严厉打击。社会各界人士如发现上述侵权行为，希望及时举报，本社将奖励举报有功人员。

反盗版举报电话　（010）58581999　58582371　58582488
反盗版举报传真　（010）82086060
反盗版举报邮箱　dd@hep.com.cn
通信地址　　　　北京市西城区德外大街4号
　　　　　　　　高等教育出版社法律事务与版权管理部
邮政编码　　　　100120